U0591763

学会优秀，
让人无可替代

雨 晴 著

XUEHUI
YOUXIU，RANGREN WUKE
TIDAI

SPM
南方出版传媒
广东人民出版社
·广州·

图书在版编目(CIP) 数据

学会优秀，让人无可替代 / 雨晴著. — 广州：广东人民出版社, 2018.4

ISBN 978-7-218-12505-3

Ⅰ. ①学… Ⅱ. ①雨… Ⅲ. ①散文集—中国—当代Ⅳ. ①I267

中国版本图书馆CIP数据核字(2018)第015131号

XUEHUI YOUXIU, RANGREN WUKE TIDAI

学会优秀，让人无可替代

雨 晴 著　　　　版权所有 翻印必究

出 版 人：肖风华

责任编辑：向路安
装帧设计：李俏丹
排　　版：长沙市子舟文化传播有限公司
责任技编：周杰　吴彦斌

出版发行：广东人民出版社
地　　址：广州市大沙头四马路10号（邮政编码：510102）
电　　话：（020）83798714（总编室）
传　　真：（020）83780199
网　　址：http://www.gdpph.com
印　　刷：湖南立信彩印有限公司
开　　本：889毫米×1194毫米 1/32
印　　张：8.5
字　　数：180千
版　　次：2018年4月第1版　2018年4月第1次印刷
定　　价：36.00元

如发现印装质量问题，影响阅读，请与出版社（020-83795749）联系调换。
售书热线：（020）83795240

目 录
CONTENTS

003　你的每一步，都是为了抵达未来

011　你的态度，决定了人生的高度

018　你的未来，是由你的态度决定的

021　你的未来，是由现在的行动决定的

025　你的未来，谁也不能替你选择

027　你的未来在哪，我不能告诉你

031　你对自己看法怎样，别人就怎样

034　现在比别人差，但以后不会

038　若想优秀，就要对自己狠一点

045　你有权利不坚强

你的每一步，都是为了抵达未来

1

目录

CONTENTS

人生在世，就得努力奔跑

051　人生在世，就得努力奔跑

055　独立自强，做自己的女王

060　换一种方式，你将变得很厉害

068　能在地上留下印记的，是脚印

072　请你逼自己优秀起来

076　我庆幸，遇到了那么多优秀的人

080　有些烂事，你不必纠缠

086　只想对未来说一句"我敢"

091　做自己，其实也并不是那么难

目 录
CONTENTS

099　你的视界，不是世界

103　关掉朋友圈，滚去赚钱

108　你离成功，只差一步

115　你一无是处，还谈什么人脉

120　你真的只是没有努力吗

126　所谓慢生活，并不是无所事事

129　所有的都是借口，你只是太懒了

132　我们的人生，并没有关键

135　学会认输，人生将会更精彩

你的视界，不是世界

目 录

CONTENTS

141 看不见道路，但不能停止脚步

144 从游戏中走出的建筑大师

146 疯子和天才只是一线之隔

153 那些眼神，是一辈子的伤疤

156 痛够了，自然就努力了

159 为飞天时刻准备着

162 我选择，我喜欢

168 一双脚书写的传奇

171 永不言弃，才能升华生命

175 这个杀手不太冷

看不见道路，但不能停止脚步

4

目 录
CONTENTS

183　　只要在一起，去哪儿都好

191　　爱情，需要的是真情实意

196　　爱情太长，情商护航

202　　得不到和已失去，最能暴露本性

207　　还好，那些孤单只是开始

212　　有关爱情

214　　最美的告白

只要在一起，去哪儿都好

5

目 录

CONTENTS

227 每一个父亲，都是孩子的伞

232 有了爱，我才会有力量

235 当外婆风华正茂之时

241 看遍世态，回到人生的原点

248 那些温暖，直暖我心

256 世界上那个最爱你的人去了

每一个父亲，都是孩子的伞

你的每一步，

都是为了抵达未来

无论何等微不足道的举动，只要日日坚持，从中总会产生某种类似观念的东西来。

你的每一步，都是为了抵达未来

不知不觉我已经晨跑近两年了，虽然也有各种各样不想跑步的时刻："哎呀，好累，今天不跑了。""不行啊，今天太忙了，跑不成啦。""又下雨了，没地方跑了。"……

但是总体而言，我还是能持续跑下来，即使有的时候连续一个星期没跑，下个星期我也会更努力一点，多多少少能补回一些之前没跑的里程数。尽管这种补跑形式只是一种减少内心罪恶感的方式而已，但是我确实从跑步中得到了许多。我从跑步中得到的好处和生活感悟较之我在跑步上付出的时间和精力多得多，简单的一句总结就是：回报大于付出。这种好事在世间应该难得见吧，我们在生活中往往面临的尴尬是付出很多，得到很少，得到的成果总是比付出的努力要显得少，但是这仅仅是"显得"而已，是我们主观上的认知，事实并非如此。

我相信只要付出，就会有得到。付出与得到之间是成正比的。有个成语叫"功不唐捐"，意思是没有一点努力是白白丢掉的。付出的努力在未来我们看不见想不到的某时某地就会自行展现，我们要确信的只是这一点：今日努力了，将来就会有所得。我们常常觉得付出与得到不成正比是因为我们忘记了这一点：付出本身就是一种得到。"为一件事去付出"这经历本身就是一种得到，一种人生意义所在。

没有一点努力是白白丢掉的，同样的，没有一步是浪费的。坚持跑步的人，每一步都有所得。

我的跑步偶像村上春树在《当我谈跑步时，我谈些什么》里引用了毛姆的话："任何一把剃刀都自有其哲学。"他说这句话"大约是说，无论何等微不足道的举动，只要日日坚持，从中总会产生某种类似观念的东西来。"我非常同意这种说话，因为我就从跑步中得到许多可以应用在生活其他方面的道理。

真正喜欢的事情无须坚持

某乳品企业最近推出名为"平凡人的奥林匹克"的系列微电影，其中第二部《跑吧，老李》在上线当天点击量即破 75 万。62 岁的老李是马拉松发烧友，六年跑了 25000 公里，17 个马拉松比赛。他说自己每天跑步的时间比坐着的时间多，他把跑步视为最大的快乐，把马拉松视为自己的节日。

他不光自己跑，还自建网站，通过网络募捐组织"海口马拉松赛"。他在短片中说，"常有人说我坚持得好，其实真正喜欢的事不用'坚持'，让自己变得健康，真的很容易，不停地跑下去，就不会老。跑步可以沿途欣赏美景，享受运动的快乐，人生就是一场马拉松，谁健康，谁就能跑得更长远！""做真正喜欢的事情不用坚持。"这一点村上在书中也说道："人生来如此：喜欢的事儿自然可以坚持下去，不喜欢的事儿怎么也坚持不了。意志之类，恐怕也与"坚持"有一丁点瓜葛。然而无论何等意志坚强的人，何等争强好胜的人，不喜欢的事情终究做不到持之以恒；做到了，也对身体不利。"

村上君从 1982 年开始跑步，如今已经跑了 30 年了，跑了无数次马拉松，成为跑步小说家，就是因为喜欢跑步的缘故，而我之所以能够晨跑近两年，也是因为喜欢，而不是什么坚持、毅力之类的。所以找到自己喜欢的事情非常重要，因为喜欢，你不用苦苦坚持，也因为喜欢，你愿意投入时间、精力，长久以往获得成功就是自然而然的事情。这一点同样适用在寻找爱人这件事上。

找到自己真正喜欢的人，与之在一起，并不需要费力坚持、太过辛苦经营，只因为你们在一起是喜欢的，是快乐的，是充实的。在一起的时间越长，爱情如美酒一般变得愈加醇美。

计划不是最重要的，行动才是

随着这两年的电影、电视、网络、图书等传媒越来越提倡跑步这一运动，形成了一股"跑步热"的风潮，我身边的一些朋友知道我跑了近两年步之后，也都开始蠢蠢欲动，摩肩擦掌地准备加入这股"跑步热潮"。

有一些朋友通过面谈或者打电话的方式告诉我，自己最近正在计划跑步，或者说自己做了一个一年的跑步减肥计划，每天几点到几点为跑步时间，一周至少要跑几公里，一个月至少要跑多少公里，跑了一月希望减重多少斤等。不管他们的计划做得多么完美，但真正开始行动起来的人却寥寥无几。计划的定义是：预先明确所追求的目标以及相应的行动方案的活动。但是当你知道目标和行动却没有去行动，那么计划仅仅是计划而已，再好的计划没有行动都是零。

无论计划是简单还是复杂，比如你是计划晨跑一周还是一年，如果没有切实的行动，所有的计划都注定失败。与其这样，还不如不要计划，只要去做就好。我在跑步过程中很少做长期周密的计划，因为我的计划一句话就可以概括：每天早起去跑步。如果我每一天都做到这一点，那我的计划就实现了。

跑步如是，其他事情也是如此。当然，有的时候计划确实很重要，比如你几个月后要参加一个行业资格认证的考试，那你就要计划着用多少时间看书，用多少时间复习，用多少时间做习题等。但是最重要的还是行动，如果没有行动，也许过了两个月，你发现自己连一页书都没看，一道题都没做。正因为制定计划是容易的，落实计划是困难的，所以只有少数落实计划的行动派能够成功，他们超越大多数人，从平庸中脱颖而出。因此，想做成事情就立刻行动起来吧！

千里之行始于足下

这一观点跟前面提到的"行动"会让你觉得有点重复，事实上我想表达的是，要完成一个大目标，你要从小目标开始，一步步累积，才能达成。一切事情都是逐步进行的。古人早就洞悉这一点，《老子》中有云："合抱之木，生于毫末；九层之台，起于垒土；千里之行，始于足下。"荀子《劝学》中也说："不积跬步，无以至千里；不积小流，无以成江海。"

这一点我在跑步中体会得尤其深刻。由于周末时间充足，我会打算跑十公里，但是当我开始跑步的时候，心里的目标并不是十公里，而是三公里，当我成功跑完三公里的时候我会对自己说，现在继续跑，跑完四公里。跑完四公里时，我又会告诉自己，现在你的目标是跑完五公里。如此反复，依次增加，不知不觉我就跑完了十公里。

我想那些跑完百公里超级马拉松的人应该也是第一个十公里，第二个十公里……一次又一次地攻克小目标，最后跑完100公里的。所以当你有个较为宏大的目标时不如把它拆分成无数细小的目标，当这一个个小目标实现时，你的大目标也会随之实现。假如你的人生理想是一生旅行一百个城市，那你不妨把它分解为每年去四个不同的地方，用 25 年的时间实现它。你不要说这不可能，我知道有一些人就是用这种方法周游了世界。只要一点点去做，这个看起来遥远的理想就会变得切实可行。

拆分目标的好处在于：一、使得原本看起来有些吓人的大目标变得容易靠近和现实。当你的心里觉得这是可以实现时，就不会因为害怕失败而放弃。一个人做一件事拖延的原因有很多，其中一个就是惧怕失败，而细化目标可以减少或者避免拖延。二、细化目标可以增加信心。当你觉得目标是可实现时、容易成功时，你就会增加信心。信心对完成目标作用很大。

为一件事情找到多种目的

其实我是个非常害怕重复和无聊的人，但是机械式的跑步我却坚持了下来，是不是有点不可思议？我用的方法就是为跑步找到好几个目的。我会戴着耳机去跑步，有的时候听英语新闻，有的时候听中文有声书，还有的时候听喜欢的歌曲，这样我会觉得自己在学习和放松中跑步。跑完步，我会在回来的路上买好早餐带回来，有的时候我还会设计一条能跑到附近菜市场的跑步路线，跑到菜市场后可以顺便完成接下来几天的食材采购，回家把冰箱装得满满的，心里就会很有成就感。你看，跑步于我而言，不仅锻炼身体、出汗排毒、减肥瘦身，还可以顺便把买早饭、买菜等事情做完。不瞒你说，有的时候我还会跑步去银行，在跑步的过程中做完取钱或者交房租之类的琐事，真是一举 N 得啊！

吴淡如在《时间管理幸福学》中说道："只要想到一件事情可以'一石二鸟'或'一石三鸟'我们比较容易有'赚到'的感觉，会因为自己的'贪恋'而继续下去。"

确实如此，每当我可以同时很好地完成几件事的时候，或者做一件事有很多方面的好处时，我就会有那种"赚到"的满足感，"我是高效达人"的欣慰感。当然，这跟专心做一件事并不冲突，这是一种正面积极的思维方式，有助于人们克服困难。关于这一点，吴淡如用自己做主持的经历来举例说明。她原先是个作家，然后有人找她去做主持，因为是新手她做得很不好，正考虑要不要放弃时，想着有人付钱给她上主持补习班，不仅赚钱还可以学习，甚至可以从主持节目中获得写作的灵感，何乐而不为呢？于是就继续当主持人，后来越做越好，成为家喻户晓的著名主持人。

"为一件事情找到多种目的"，这在工作和学习中都很适用。我的工作经常要出差，早出晚归，舟车劳顿很辛苦，免不了会有负面情绪出现。但是只要想着出差不仅可以在火车上或者飞机上不被打扰地阅读一本书，还可以吃到当地的特色小吃，如果时间允许的话还可以去一些地方旅行，我的负面情绪就会消减大半。做一件事情时，加强它的正面意义，为它多找一些其他目的，不仅能让你快乐地完成这件事，还让你的生活变得积极而高效，充满正能量。

　　我从跑步中得到的东西还有许多，比如一个健康的身体、积极的生活态度、跑步时挥汗如雨地畅快感，因为跑步在网络上认识了共同热爱跑步的朋友们……在跑步里，没有一步是浪费的，在生活中也是如此，只要用心生活，没有一天会是虚度的，你总会有所收获，你行走的每一步都是为了抵达美好的未来。

你的态度，决定了人生的高度

"娜姐，你知道不，大春辞职了。"晚上我正在无聊刷朋友圈的时候，前同事小米的微信来了。

啥？大春？不可能吧？他敢辞职吗？

大春来自北方的一个老山区，家里穷，学历也不是很高，他刚进公司时，听人事小妹讲的也是费了九牛二虎之力，还搭上了各种人情才勉强进来了。

大高个，黝黑的皮肤，憨厚的长相，见谁都是憨憨一笑，让人觉得亲切，也很有喜感。

刚进公司实习的时候，小伙子能吃苦，表现也特别踏实，领导让他做个什么事情，绝对能放一百二十个心，虽然完成的时间比别人会长一点点，但他肯定会各方各面都给你办得妥妥的。

只是大春的老家不富裕，花钱上也比较谨慎，是很节省着过日子的一个很懂事的小伙子。

而且家里还有一个弟弟一个妹妹，弟弟正在上大学，妹妹正在上高中，几乎都是指着大春这一份工资给养活的。在家里随时断粮的风险下，大春敢随随便便说辞职就辞职了？

我实在是有点好奇。

我马上发信息问小米，"大春干得好好的，怎么会突然辞职呢？再说这年头工作也不好找啊，这随便就把这么好一个工作给辞了，能马上找到下家吗？他是不是疯了？"

小米发来一连串的呵呵……

"娜姐，你还不知道吧？大春是跳槽了！"这下轮到我惊讶了。

跟小米好一阵八卦才知道，原来，大春是被他原本负责的销售区域的经销商开高价给挖走了。

年薪直接翻倍，为了工作方便，还直接给配了辆车，并承诺干满五年车子直接过户给大春。

从原来只负责一个品牌，跳槽到经销商那里，老总直接就划拉给他十几个一线大品牌，并让他总负责品牌的经营管理与运作。

原来，自从大春从总部下分到市场之后，工作相当努力和细致，由于他算是跨行业的新手，面对一个全新的行业，很多工作并不好上手。

起初他也是跟着公司分配过来的几个大妈级导购细心学习，每天早早地到卖场，和导购们一起整理堆头，学习销售技巧，观察别的品牌的堆头亮点，改善自己产品的布置和陈列。

他特别勤奋，甚至每天比卖场的导购在堆头边上待的时间还要长。

渐渐地，他也有了一些自己的好想法和意见，并且提出自己的观点。

有一次，为了一个卖场里堆头的陈列和一个已经干了很多年的老导购争执起来，各持己见，互不相让。

最后闹到领导面前，两人都争得面红耳赤，领导最后决定以各自的意见分别陈列十天，按这 20 天的销售额来定论。

事情的结果是，大春的陈列更新颖更符合顾客的消费心理，当然销售额也更高。

这个世界需要充满各种不可能，因为这样我们才有机会去找到里面的可能。而天底下的事情很少有根本做不成的，之所以做不成，与其说是条件不够，不如说是由于决心不够。

大春每天开着他那辆破旧的二手小电驴穿梭在大街小巷的铺市铺货，争取订单。甚至为了提高自己的工作技能和沟通水平，特意向领导申请自己掏腰包邀请更有经验的同事来他的区域或者去别人的市场交流学习。

而当集团总部对销量有更高要求的时候，大春总像个甩不掉的牛皮糖一样，不说 24 小时守着客户要求增加订单，基本上也是清早守在客户的家门口。

反正客户早上出门见到的第一个人肯定就是带着一副熊一样的憨憨笑容的大春，然后好言好语地和客户沟通销量。

所谓伸手不打笑脸人，虽说客户被逼着下订单，但也总是被憨直的大春给气得没了脾气。

客户转身在公司开总结会，私下里和相熟的公司领导见面的时候，对大春都是一百二十个的好评和满意。

不到一年时间，大春所在的市场区域的销售额节节攀升，甚至把好几个卖场打造成了样板，这下不用自己掏腰包，同事们为了跟大春学习取经也一窝蜂似地往他的区域跑。

大春渐渐成了公司的销售红人。

自己的生意销量好，赚到了钱，自己的市场打造成了样板，公司还有额外的奖励，腰包赚得鼓鼓的，经销商在开会的时候也嘚瑟得不得了。

有的市场眼红了，想挖大春过去，甚至找到了公司的老板，说无论如何也要把大春给要到自己的市场去。这下可把原来的经销商给急坏了，这小伙子虽黏着人要求多下订单的时候是挺讨人嫌的，但真正能招上这么一个一心一意为公司，踏实肯干又努力上进，最重要的是还能为公司带来看得见的效益的销售员那是真的很难啊！与其被别人挖走，还不如直接自己给留用了！

于是才有了故事开头高薪挖角的一幕。

有人说，态度决定高度。

哈佛大学的一项研究表明，一个人的成功 85% 是由于我们的态度，而只有 15% 是由于我们的专业技术。换句话说就是：态度，决定事业的成功与否。

另一个小伙子小牛和大春几乎是同时进入同一个公司的。两个人的岗位也一样，同是销售，只是分在不同的销售区域里。

两人年纪相仿，小牛还是名校毕业，特别高大帅气的一个阳光大男孩。

在大春漂亮的跳槽之后的第二个月，小牛约我出来吃饭，他说，娜姐，能不能让你姐姐帮我留意一下有没有好的机会？因为我觉得公司里现在人事好复杂，各种关系乱糟糟的，总感觉自己前途一片黑暗。

因为我大姐也是从事销售行业的，干了很多年，算是出了点成绩，在行业里也有点人脉。我笑了一下，没有答应，也没有拒绝。

我问他最近在忙什么呢？他告诉我，每天就是机械地到公司打卡报到，然后出门。反正你是在外干销售的也没有人跟着你监督着你，报到之后再找个地方打发时间，混过一天。觉得眼下这个工作没什么意思，每天都是重复着前一天的事情，人过得像个复印机一样，不停地重复重复再重复。

我又问他，你这个月的销量完成了吗？他苦笑一下，对我吐槽，这变态的领导，整天除了销压量就是压销量，你看我这市场分的不好，而且现在天气热，货卖不动，我能怎么办？总不能拉着顾客不买不让走吧？反正没有人家好的市场完成的好，我现在过一天混一天呗。

末了，他还得意地告诉我，其实他也很上进的，没事的时候也报了个驾校，现在正在考驾照呢，多门技能，多条路嘛。

我听了摇了摇头，告诉他：这世上就没有任何一个工作不辛苦，也没有任何一处人事不复杂。

米卢来执教中国足球，中国人也一度看到了希望，他的一个重要的理念就是"态度决定一切"。

你抱怨工作不如意，前途没希望，可是你想过没有，你可曾认真地去推过那扇叫作努力的大门？可曾把觉得无聊的时间去认真地开发客户、钻研业务技能？你是否愿意主动去承担更多的工作，敢于面对更大的挑战？你对你负责的工作是否敢于承担责任？你对领导安排的工作，或者自己负责的工作是否能够及时完成，或者马上推进？

工作是一个人安身立命、实现自我价值之所在。你如果在工作中一遇到困难就躲，碰见事情就推，躲得无影无踪，推得干干净净，事情最后都是不了了之。

当你看到和你同时出发的人都已经把你甩出了一个新高度的时候，你又开始责怪命运不公，时运不济。

有多少个夜晚，我们下定决心早起努力工作，可是又有多少个早晨，我们魔力般地赖在床上不能动弹？

如果你曾觉得生命里的每扇门都关着，那请记住这句话：关上的门不一定上锁，至少再过去推一推。

这个世界上，有才华的人很多，但是既有才华又有好的态度的人不多。能决定你人生高度的，不是你的才能，而是你的态度。

你的未来，是由你的态度决定的

一个上了年纪的木匠准备退休了，他告诉雇主，他不想再盖房子了，想和他的老伴过一种更加悠闲的生活，他虽然很留恋那份报酬，但他该退休了。雇主看到好工人要走，感到非常惋惜，就问他能不能再建一栋房子，就算是给他个人帮忙，木匠答应了，可是，木匠的心思已经不在干活上了，不仅手艺退步，而且还偷工减料。木匠完工后，雇主来了，他拍拍木匠的肩膀，诚恳地说：房子归你了，这是我送给你的礼物。木匠感到十分震惊：太丢人了呀！要是他知道他是在为自己建房子，他干活儿的方式就会完全不同了。

每天你钉一颗钉子，放一块木板，垒一面墙，但往往没有竭心全力，最终，你吃惊地发现，你将不得不住在自己建的房子里。如果可以重来……但你无法回头！人生就是一项自己做的工程，我们今天做事的态度，决定了明天住的房子。生活是多样多彩的，有时会在我们出乎意料的时候突然拜访，然而，生活有时也是充满挑战、残酷的，也许它就在我们毫无防备的一瞬间降临。

心态决定成败！

海伦从小双目失明并伴随着耳聋，可她却在令旁人无法相信的重压之下，凭借着自己顽强和坚韧的毅力，成为世界上举世闻名的女作家、翻译家。我们都知道，海伦的遭遇是不幸的，可她却创造了一个伟大的神话，我相信海伦成功的背后所付出的不仅仅是艰辛的努力，还有积极向上的心态。

现实生活中也许存在着令我们心情沮丧、失意的挑战，在这时，我们不妨拿自己的现实同海伦比较看看，就会发现这些也不算什么了。我牢牢地记着海伦这位伟大并创造奇迹的女性。无论在我的学习或生活中，甚至是在面临沉重的压力、挫折下，她已成为我努力奋斗、顽强拼搏的偶像。或许考试的成绩不尽理想，可谁不会经历过这些？或许我不会为这个社会做出什么大贡献，可我每天都遵纪守法；或许陌生的环境令我无所适从，可这是每个人一生中都会经历的考验。

心态真的很重要。当我们用平静的眼光来看待事物、发现事物、对待事物，就会发现很多问题都会迎刃而解，我们眼前的路会不断地拓展、加宽。像那些挫折、困难、它们最怕的是我们坚定的态度。缺点并不可怕，只要我们用欣赏、发展的态度去看待，渐渐地，就会发现它正逐步成为我们的优点、我们的长处，就好比一个秤上左右两边的砝码，左边是现在的生活，右边是我们的心态，想要使天平的左右两边平衡，就得不断地向右边加平正的心态，不断地改变自我。

　　平淡、无聊，时光的流失、生活的无趣、前途的渺茫充斥着我现在的生活。看不到前面的路在哪里！有时候自己都对生活感到了恐惧和无助，但这就是人所要面对的选择，你必须鼓起勇气走下去；也许你现在面对就是黎明前最黑暗的时候，你选择什么样的生活就具有什么样的生活方式。在困难面前或许就是机遇最容易出现的时候，就看你用什么样的态度去面对你面前的问题，态度决定一切，自己决定自己的人生和未来，相信自己没有错，未来美好的手就把握在你的手里。　就好比玩游戏，快要升级的时候却往往是最难过的时候，冲过去就过关了，冲不过去就继续再战斗。用积极的心态、平静的心态、感恩的心态去做一切，你的态度决定你的未来。

你的未来，是由现在的行动决定的

　　不知道大家身边有没有这样的一个例子。某人上网下载了新浪里的公开课，以及优酷上那些颇受好评的演讲稿，隔三岔五就去书店搜刮有关考研的资料，就连单词书也买了好几本。于是他开始计划，计划要每天背上一百个单词，每天看一个公开课，每周看一个演讲，为此他做好了万全的准备，然而等到要实施计划的时候，突然他朋友来了个电话，于是他修改了计划跟朋友出去吃饭，今天缺失的就明天补上；没过多少天，他又因为一些事情打乱了自己的计划，又把那天的任务挪到了第二天。接下来没多久，他放弃了计划。

　　所以你说他努力了么？他努力了，因为他至少看完了几个公开课背了几天单词。但是他有什么成果么？未必。他开始焦虑，开始抱怨，他觉得自己明明付出努力了，还费那么大劲准备了计划，他开始觉得不公平，为什么别人能背完的单词自己却背不完。

　　没有行动力的计划只会毁了你，因为它让你觉得自己已经有所行动了。它会让你觉得能静心列下计划的你，已经比很多人都前进了一步。其实不然，列下计划而没有实施的你，只是一个伪理想主义者而已。

没有行动力的后果便是拖延，拖延之后会让你第二天的任务猛增，越拖下去就越危险，它会让你开始抱怨不公平，开始觉得时间不够用进而产生焦虑，最后消磨你的斗志，打击你的信心。

生活的可怕之处就是在这里，有些人可以安于现在的生活，不自卑不敷衍，也能够很好淡然地生活下去；有些人想要去远方，想要生活剧烈，不疯魔不成活，虽然累倒也活得轰轰烈烈。可尴尬就尴尬在你活在另一种生活里——不上不下的生活。

人就是这样，眼前的利益实在太诱人，导致他们忽略了长远的未来。所以他们才会为了一个眼前的人而义无反顾，却无法为了一个说不清道不明的未来而万死不辞。好比之前你听到一个励志的演讲觉得慷慨激昂，于是立马拿出单词书来背还立下毒誓每天一百个，可是怎么也没能坚持下来。

在你抱怨的同时，你有没有想过，你为什么不行动？或者说你明明已经有了很好的计划，为什么不按照你的计划一步步地来？每当看到有人私下问我，怎么样才能更快地成功，哪条路才是更好的，我都会说根本没有所谓的"成功"，根本没有更好的路。

很多人认为最后甘于平淡沦为现实是对梦想的背叛，或者他们认为既然实现不了梦想，根本不用费那么大的气力，还不如早早认命。其实不然，最好的生活状态莫过于，你在你的青春年纪为了理想坚持过，最后回到平淡用现实的方法让自己生活下去。能实现梦想自然是最好的，但没能实现自己的梦想那也没有什么可惜的。梦想本就不是那么容易实现的，终极的目标永远只有少数人能够实现，但是你还是应该为了理想努力一回，努力到自己问心无愧为止。因为只有这样，你在接下来的生活里才能够得到比成功更重要的东西，即内心的丰富，那是你一次次跌倒所累积的面对未来的资本。

根本没有更好的路，你眼前列出的计划，就是你的计划，就是你应该去实施的东西，你可以进行补充，但不要去随意进行任务和时间的改动。凡是被改动的计划，或多或少会影响执行力和它原本的意义。计划本就是用来督促你的东西，你却一而再再而三地把它改变，那这样又有什么意义？你要走的，你终究是要走的，哪怕它真的是条大弯路，那也是属于你的路，你也能看到属于你的风景，更何况，一条路，如果能够坚持走下去，你又何愁不会丰富多彩。

所以，请行动起来，如果你手头恰好已经有了一个计划，就按照计划去做吧。建立信心的最好办法，就是去做让你觉得头疼的事。

如果你手头没有一份计划，那不如不计划，想去哪里旅行，就去吧；想去疯就去疯吧，不要因为担心太多而束缚了自己，免得最后散心的目的没达成，学习的目标也没做到，更不要为了别人的眼光而改变自己。

很多人都对你说你要去做自己喜欢的事，你应该把你 30 岁 40 岁之前要做的事都列出来，可是哪有那么容易就一下子能找到自己想做的事；所以当你决定不了去旅行或考研，或者在很多选择中徘徊的时候，那就把眼前的事情做好吧。

谁都不知道明天会发生什么，但只有行动才能决定下一秒你的未来。

你的未来，谁也不能替你选择

　　罔达修士的美术班在当地非常有名，30 年来为美国名牌美术院校输送了许多优秀的毕业生，据估计，儿子这届毕业生将会得到超过 100 万美元的奖学金。

　　矿矿进这个美术班是经过了一番努力的，而且他也没辜负我们的一片苦心，在 30 个学生中很拔尖，还与老罔达建立起了一种忘年之情。

　　可是一年后，就在我们对矿矿未来在美术界的锦绣前程寄予厚望时，意想不到的事情发生了：矿矿想离开美术班。原因是新学期美术课和电脑课在课时安排上有冲突，二者只可选其一。

　　儿子的绘画是妻子启蒙的，她也一直为儿子的绘画自豪，这事让她伤心不已。她曾苦口婆心试图说服矿矿留在美术班，哪怕再多留一年；她也曾找到学校，与学校商量，想找出一个两全其美的办法。

　　矿矿把决定告诉老罔达时，老人根本不信，还以为儿子在开玩笑。在矿矿的一再解释下，老罔达睁圆吃惊的眼睛："矿，你说的是真话？你知道吗，你的天赋你的能力可以使你成为最好的美术大师。"罔达把美术班以往最好的毕业生的作品与矿矿的绘画放在一起，让矿矿自己比较，显然儿子的画更胜一筹。我们都知道老冈达的潜台词：他们都已在美国的美术界争得了一席之地，矿矿的起点远远高于他们，矿矿的未来会怎样是不言而喻的。

可是儿子有他自己的想法：我虽然喜欢画画，也画得一手好画，但我从来就没有想过要成为一个画家，或以画画为生。在我心里，我未来选择的职业更可能直接或间接地与电脑有关。

我内心挣扎了许久，也想过把利弊摆到儿子面前让他想想清楚，但我知道这一切都不可能改变儿子的决定。既然这是儿子自己的未来，我们就尊重他的选择吧，我对矿矿说："前途是你自己的，你想好了，决定了，就好好干吧。"见我"投降"了，妻子无奈之下也只好接受了孩子的选择。

的确，这是矿矿的未来，谁也不能代替他做选择、做决定。孩子的选择可能是不明智的，也可能是有道理的，但这并不重要，重要的是这是他自己的意愿、他自己的决定。

你的未来在哪，我不能告诉你

我不能告诉你，你的未来在哪里。也许这一切简化下来就是更明确的今天，更好的明天，更愿意回顾的昨天，也许就是在垂暮老矣的时候，能够得意扬扬地对大孙儿说："我年轻的时候有一个又一个梦想，实现了一些，失败了一些，但是我有一个愿意为之努力奋斗的目标，我走在了这个大方向。"

一件有趣的事情。

我问了十个人，他们都不满意现在的工作。我又问他们如果在已知的岗位上选择，他们想换去哪里，只有一两个人告诉了我一个模糊的方向，其他的人对我说："我也不知道，我很迷茫。"

我们好像从生下来就一直在赶，我们的祖国在赶英超美，我们在赶着不拖后腿，还有那从小就最讨厌的不玩游戏只念书的"别家孩子"。报各类没兴趣的"兴趣班"，特别是没事干就从 25 个头 70 只脚来判断笼子里有多少只鸡和兔子的"奥数"，我就想问你们那有多缺笼子啊，非要把鸡和兔子关在一起。一路背着为了老师和家长学的英语，上着小学、初中、高中、大学，直到毕业工作。

有一只无形的杆子在身后撵着我们，将像撵着一群大脑放空的鸭子。

你想要成为怎样的自己，你没有考虑过。你只看到眼前的这一步和前一个鸭屁股离你的三步内，队伍要走向哪里，你从没想过，也漠不关心。你有没有试过停下来认真地问问自己，我到底想要去哪里！？

这是一个糟糕的事情，因为我们被安排惯了，简单地说就是我们从小跟着排头鸭，想要左右偏离一点方向都会被呵斥回队伍，这样游到闭着眼睛都能游出一条直线的时候，排头鸭突然回头对你露齿一笑："整片天空都是你的，忘情地飞吧！"早干吗去了！你抖了下退化三百年的翅膀，发现自己从未学习过飞翔，特别是，独自飞翔。

这不是件愉快的事情，因为你会发现你从小到大，学的就是如何合群，那么你现在可以继续合群，顺着现行的这条路，跟在别人的后面，不用操心明天的方向——否则你就不得不痛苦地思索，到底是为了什么到了今天这里，到底是为了什么这样过了 10 年 20 年 30 年，到底是为了什么做着这样一份工作，嫁了娶了这样一个人，到底是为了谁？我的未来不是梦，那么未来在哪里。

我不能告诉你，你的未来在哪里。

但是我可以告诉你他们的故事。

他说：年轻的时候以为拥有爱情便会无所不能，长大了才知道顺序弄反了，一般是无所不能后才可能拥有爱情……

他换了几份工作，开了自己的公司，做着自己的事情。他在努力，为的是找到深海里的那一只美人鱼，并能够轻松地挽起她的手。

她说：我一直以为我的努力，就是为了抬高我的价钱，而不要成为每个人路过都敢翻拣一下的两元店。

她说，要想不被别人看不起，就要努力。获得自身更好的才能，更高的社会地位。

他说：我小时候看见泼妇三五成群叉腰在路上骂街，觉得很害怕。很怕会不得不和这样的人一直相处在一起。我希望能进到一个高一些的层次，起码这个层次里的人可以文明地不讲理。更希望有一天，可以每个人都讲理。

他从农村一路读书到最好的大学，上最好的专业，念到博士。留任在了国外的某间象牙塔。

他说：我某一天突然发现我想要做的事是报道尽可能的真实，尽可能地向世界展示一个真实的中国，以及向中国展示一个真实的世界。

于是在他终于发现自己想要什么的那一天开始，他努力了两年多，然后转行去了那家他最希冀的外媒，并尽力完成他的梦想。

也许他们依然不知道他们在为了"什么"而奋斗，也许这一切简化下来就是更明确的今天，更好的明天，更愿意回顾的昨天，也许就是在垂暮老矣的时候，能够得意扬扬地对大孙儿说："我年轻的时候有一个又一个梦想，实现了一些，失败了一些，但是我有一个愿意为之努力奋斗的目标，我走在了这个大方向。"

这时的你总好过邻家的大伯，他 2011 年囤了一百袋盐，到死也没能吃完。

你对自己看法怎样，别人就怎样

　　美国科研人员进行过一项有趣的心理学实验，名曰"伤痕实验"。

　　他们向参与其中的志愿者宣称，该实验旨在观察人们对身体有缺陷的陌生人作何反应，尤其是面部有伤痕的人。

　　每位志愿者都被安排在没有镜子的小房间里，由好莱坞的专业化妆师在其左脸做出一道血肉模糊、触目惊心的伤痕。志愿者被允许用一面小镜子照照化妆的效果后，镜子就被拿走了。

　　关键的是最后一步，化妆师表示需要在伤痕表面再涂一层粉末，以防止它被不小心擦掉。实际上，化妆师用纸巾偷偷抹掉了化妆的痕迹。

　　对此毫不知情的志愿者，被派往各医院的候诊室，他们的任务就是观察人们对其面部伤痕的反应。

　　规定的时间到了，返回的志愿者竟无一例外地叙述了相同的感受——人们对他们比以往粗鲁无理、不友好，而且总是盯着他们的脸看！可实际上，他们的脸上与往常并无二致，什么也没有不同；他们之所以得出那样的结论，看来是错误的自我认知影响了他们的判断。

这真是一个发人深省的实验。

原来，一个人内心怎样看待自己，在外界就能感受到怎样的眼光。同时，这个实验也从一个侧面验证了一句西方格言："别人是以你看待自己的方式看待你。"不是吗？

一个从容的人，感受到的多是平和的眼光；

一个自卑的人，感受到的多是歧视的眼光；

一个和善的人，感受到的多是友好的眼光；

一个叛逆的人，感受到的多是挑剔的眼光……

可以说，有什么样的内心世界，就有什么样的外界眼光。如此看来，一个人若是长期抱怨自己的处境冷漠、不公、缺少阳光，那就说明，真正出问题的，正是他自己的内心世界，是他对自我的认知出了偏差。这个时候，需要改变的，正是自己的内心；而内心的世界一旦改善，身外的处境必然随之好转。毕竟，在这个世界上，只有你自己，才能决定别人看你的眼光。

台湾心灵作家张德芬说过"亲爱的，外面没有别人，只有你自己"，你有什么样的内心就会有什么样的世界。我们往往花大力气去了解别人、认识别人，却很少花精力去了解自己、认识自己。我们一般是不能直接看到自己模样的，只能通过镜子、照片。同理，我们一般也是透过别人的眼光来认识自己，每一个人眼里的你都是不一样的，100个人眼里就有100个你，1000个人眼里就有1000

个你，在不同的人眼里你是不同的，善良的、聪明的、可恶的、愚蠢的、忠诚的、虚伪的、背叛的，不胜列举。那么真实的你究竟是什么样的呢，真正的你又在哪里呢，"伤痕实验"明确地告诉我们答案——

内心，一个内心烦躁的人纵然身处幽静也是狂躁不安的，一个内心清净的人虽然深处闹市，他的世界还是清净的。无论是追求幸福、宁静、安全……都到你内心去寻找吧，那里有无穷无尽的资源和能量。

亲爱的，外面没有别人，只有你自己。

你的每一步，都是为了抵达未来

现在比别人差，但以后不会

那一年，她还在农村里插队，瘦弱的身子承受着繁重的农活。一天，她正在西瓜地里忙着，有人把她叫了过去，说工宣队来招生，去试试。

这一试，她就去了北京外语学院，成了英语系的一名工农兵学员。不过，还来不及欢喜，阴霾就笼罩了心头。在班里，她居然有两个"最"：一个是年龄最大——老姑娘了；一个是成绩最差——基础太弱。

一天上课，老师问了一个很简单的问题，第一遍没有听懂，第二遍听懂了却不知怎么回答，于是，僵在了课堂上。课后，她一口气跑到后院的山坡上，大哭了一场。

"有什么大不了的，不就是比别人差，我努力还不行吗？"终于想通了，她给自己许下诺言："我一定要成为最好的学生！"她很勤奋，每天晚上学到深夜，凌晨四五点时就掀开了被窝。不管天热天冷，在校园一角的那棵大树下，常能见到她的身影。大声地念，大声地背，把头一天学的东西翻来覆去，不记得滚瓜烂熟不罢休。

一晃，四年过去。毕业的时候，她的确成了全年级出类拔萃的学生。那一代人，和今天完全不同，因为根本没有择业自主权，从英语系出来的她，被分到英国大使馆做接线生。这份工作单调、乏味，很麻烦。在外人眼里，还是一份很没出息的活。起初，她能够老老实实地干，时间一长，心里就越发郁闷越不平衡——一个堂堂外院的尖子生怎能这样憋屈呢？终于，在和母亲的一次见面中，她大吐苦水。

慈祥的母亲没说什么，而是叫她去洗卫生间、刷马桶，她怏怏不乐地听命。可是，她使劲地扫地板、费力地刷马桶，反复几次，感觉还是很不干净。她不由抱怨："我没办法了，就这样子了！"母亲不说话，而是弄来一碗干灰，然后将干灰洒在又脏又湿的地方，让干灰将水吸干，再扫，效果果然好了很多。不多久，马桶里的黄色污垢全不见了，犹如做了一次增白面膜。

她没做到的，母亲做到了。她不禁夸奖母亲，母亲却告诉她："一件事情，你可以不去做；如果做了，就要动脑筋做好，就要全力以赴。你不能挑你的工作，但你可以有自己的选择啊，那就是把工作做好。"站在一旁的她听了母亲的话，久久无语。

回到单位后，她仿佛变了一个人。她把使馆里所有人的名字、电话、工作范围，甚至他们家属的名字都牢记在心。不仅如此，使馆里有很多公事、私事都委托她通知、传达和转告。逐渐地，她成了一个留言台、大秘书。工作之余，她就读外文报纸、小说，不断提高自己的读译能力。由于为人热情、水平出众，她在使馆里成了很受欢迎的人。

一天，英国大使来到电话间，靠在门口，笑眯眯地对她说："你知道吗，最近和我联络的人都恭喜我，说我有了一位英国姑娘做接线生，当他们知道接线生是个中国姑娘时，都惊讶万分！"英国大使亲自到电话间来表扬一个接线生，这在大使馆可是件破天荒的事！

没多久，她因工作出色被破格调去英国《每日电讯》记者处当翻译。报社的首席记者是个名气颇大的老太太，得过战地勋章，被授过勋爵，本事大，脾气也大，还把前任翻译给赶跑了。当她调过去时，老太太不相信她的实力，明确表示不要，后来才勉强同意一试。没想到，一年后，老太太经常不无得意地对别人说："我的翻译比你的好上十倍。"再后来，她被派往英国留学，在伦敦经济学院攻读国际关系，在里兹大学攻读语言学硕士，在伦敦大学攻读博士学位。回国后，她到外交学院先后任讲师、副教授、教授，还当上了副院长，并多次荣获外交部的嘉奖。

她就是任小萍。最近十年里，她先后担任中国驻澳大利亚使馆新闻参赞和发言人，外交部翻译室副主任，中国驻安提瓜和巴布达大使。目前，她是中国驻纳米比亚共和国特命全权大使。

从一个黄毛丫头到一个全权大使，任小萍的职业生涯中，每一步都是组织上安排的。但是，无论被派到哪里，她都在积极地适应，都在努力地把工作做好，做得最好。任小萍的人生经历告诉我们：一个人无法选择自己的工作时，总有一样可以选——好好干！无论何时何地，把工作做好，成功也就不远了。

若想优秀，就要对自己狠一点

"我突然觉得现在的年轻人好难啊。"正在自主创业的老同学发来私信感叹。

同学所在的公司正在招应届毕业生，按照现在的市场价，起薪3000元。"这是八年前我的起薪。现在3000块钱怎么活啊，北京的合租房至少也要1500元一间了吧？"

艰难、窘迫、无奈，相信这是现在不少年轻人初入职场时的切身感受。不仅仅是自身价值被低估的问题——寒窗苦读十几年，甚至无法换回一份可以养活自己的收入，内心的煎熬和痛苦可想而知。

同样是工作第一年，同样是3000元的收入，不同的人会有不同的应对方式：有的人只愿意拿出一部分能力和精力投入工作，以匹配自己眼下的收入，求得内心的平衡；而另一部分人则甘愿倾力付出却不计回报，拿着3000元的钱，操着三万元的心。

究竟哪种方式更好，见仁见智。但对一个职场新人来说，第一份工作除了是谋生手段之外，更是一个机会。在这里，你学习职业技能，积累人际资源，洗掉学生气，试着以共赢的姿态与人合作。

在一个人的职业生涯中，第一年的意义就像挖井。挖到一米深处，隐隐有水渗出，你当然可以就此打住，安享有限的劳动果实；但如果你能对自己狠狠心，耐住寂寞坚持下去，三米深处，很可能就是汩汩的甘泉。

1

家门口美发店里的洗头妹在她职业生涯的第一年便开始谋划未来——升级成为美发师。

上班的日子，她每天要从上午 10 点忙到夜里 10 点，回到集体宿舍就几乎累瘫掉，一觉醒来又是新一轮忙碌。20 岁出头的女孩，爱玩爱美本是天性，所以当她那天说，每周一天的宝贵休息日被用来报班学习剪发时，我瞬间对这个小姑娘充满了敬佩。

洗头妹的工资并不高，平日里省吃俭用成了习惯，但花几千块钱在发型师培训课程上，她却豪爽得不得了。她对我说，现在这工作年轻时干干还行，但自己要为长远打算，学一门真正的手艺。趁现在年轻，辛苦一点不算什么。

160 元的假发套，一周就要消耗掉一个，这是学费之外的开销，对洗头妹来说，压力不小。她尽可能把每一个假发套充分利用——从女士的长发剪到中长发，再剪到短发，接下来是男士发型，偏分、板寸，最后是光头。每天店里客人不多的时候，她就躲到后面，对着这玩意儿修修剪剪，然后再拉着发型师仔细讨教。

用假发练手总是不过瘾。洗头妹请示了老板，在附近的建筑工地贴出告示，每晚 8 点半，免费给农民工剪发。我每次晚上路过那门口，总会看到三三两两的农民工围在一起，任由她打理头发。因为是免费，没人计较她的技术如何，就算是剪坏了，多半也不过是呵呵一笑，"反正过两天又长出来了"。

你能想象吧，当我逐渐从诸多细节中将这个故事拼凑完整的时候，我的心中充满了震撼和敬佩。也许洗头妹的生活对我们大多数人来说很遥远很陌生，但她在职业生涯第一年中所展现出来的勤奋、坚韧、远见和智慧，却值得我们学习借鉴。

我们往往会感叹"理性很丰满，现实太骨感"。扪心自问，多少人有洗头妹这样的勇气，敢对自己下如此的"狠手"——最大限度地挖掘自身潜力，用实际行动逼着自己往前走，而不是坐在那里怨天尤人？

工作前几年，首先需要磨炼的是职业技能。从学校到职场，每个人的角色和定位都会发生巨大的改变。如何用最短的时间把书本上的理论、公式、概念、理想模型，转化成实打实的方法、经验、技术和业绩，如何在现实的种种不理想状态中找到最优方案，如何尽快察觉自己在哪些方面还达不到岗位要求，如何确立职业发展目标并一步步为之努力——所有这些，唯一的解决办法就是多做事，在一次次成功或者不成功的实践中，答案自会浮出水面。

2

小雷工作的第一年，我就预感她会成为一名出色的销售。

之所以有这样的判断，原因只有一个：她愿意把时间和精力花在那些看似无用的助人活动上，心甘情愿，从不计较得失。

有一次打电话给小雷，她正带着一个巴基斯坦青年爬长城。"腿儿都遛细了。"电话里小雷的声音听上去有些疲倦，"这周还要去故宫、颐和园、天坛、十三陵……"

简直莫名其妙——不管是巴基斯坦青年还是逛北京这件事，都跟小雷的工作、生活扯不上半毛钱关系。

后来我才知道，一个小雷并不算太熟的朋友在某次聚会中说起烦心事：一个有恩于他的巴基斯坦哥们儿要来，人家一句中国话都不会说，他自己上班时间又不可能跑出去，只能四处求人帮忙陪同兼导游，但屡屡被各种理由推托掉。

饭桌上七八个人谁都不吱声，只有小雷傻乎乎地搭茬儿："你要是实在找不到人，我去吧。"

事后，那个朋友摆下大宴答谢小雷，其间几次提到"你们公司那产品……"。小雷只是微笑，说："我帮忙是看你当时太为难，不是为了让你买我的东西。我们的产品你现在用不上，等你真正需要了，再找我吧。"

小雷给我讲这段往事的时候，神情笃定："当时有太多人不理解，

你的每一步，都是为了抵达未来

大家都觉得我有病，多此一举。但我知道，他是认定我这个朋友了，等他真正有需要时，肯定会第一个找我来买的。我觉得销售就得这么做，而且这种客户会特别忠诚，还会把周围有需要的人都介绍给我。"

看到了吧，小雷的高明之处不仅仅在于通过一次"徒劳"的北京游埋下了一份交情，更在于她并没有急着把自己的付出变现，而是静待它开花结果。

而这，恰恰就是一个优秀销售人员所需要具备的品质。

有的人做事之前喜欢计算投入产出比，再根据收益率的多少决定做不做、做多少、怎么做。这当然无可厚非，但对工作第一年的新人来说，这种权衡并不是可取的职场立足之道。实际上，很多看似徒劳的事情，其中埋藏着巨大的机会，说不定在未来的哪一天，就会成为你职业发展道路上的一块跳板。

退一步说，就算自己的种种付出没有得到回报，年纪轻轻的，多做些事情又有什么大不了的呢？小雷的"狠"就来自这种心态。

3

小梅的职场生涯从送一封信开始。

刚去单位报到的时候，小梅并没有被安排具体工作，领导嘱咐她，先适应适应环境，多跟同事学习。可小梅放眼一看，同事们各自对着电脑敲敲打打，忙得脚打后脑勺，谁都顾不上招呼她。

小梅抱了堆材料在一旁翻看，忽然听到两个同事在低声讨论什么送信的事，大致意思是说，有份重要文件需要送到同城的另一个地方，交给快递怕不安全，自己去又抽不出时间。

"要不，我去跑一趟？"小梅适时地搭茬儿。

燃眉之急就这样被轻松化解，同事怀着感激仔细地向小梅交代此行的任务和目的，告诉她见到对方该说什么、怎么说，并叮嘱"注意安全，早去早回"。

人和人之间的信任不会凭空而来，一定是在某些共同经历之后，彼此才会有那种"你办事我放心"的默契。这次本职工作之外的跑腿儿，让小梅迅速获得了团队成员的认同。而在职场上，信任这东西很奇妙，一旦建立起这种默契，我们就更容易把自己认为重要的事情交给对方完成，而积极的结果也会让我们更加确认自己对一个人的认同是正确的。

如果能在工作第一年就进入被信任的轨道，无疑是幸运的，也会为今后的职业发展打下一个良好的基础。而信任的前提是共事，共事的前提是做事，只有任劳任怨不计回报地多做事，才有可能获得同伴的认同，让那份幸运离自己更近一些。

这种"狠"，是过程之狠。

在进入职场的前几年里，不妨对自己狠一点儿——无论是关上

你的每一步，都是为了抵达未来

门苦心修炼职业技能，还是从一次次无效劳动中寻找机会，或者通过每一次合作在团队中找到属于自己的位置，所有这些可以归结为一句话：少说多做。而这，始终是让自己立于不败之地的关键。

你有权利不坚强

和朋友吵架，你要求自己先去和好；被上司欺负，你还要求自己面带微笑。你说你不坚强，软弱给谁看？可是，你有没有发现，你的朋友都开始以为你大方、宽容、心地善良，却也因为这样，她们可以迟到、爽约、任性霸道，你却不可以有一点点不耐烦。这样才是你，被贴上好人标签的你，不会发脾气的你，人人说你好却人人都不在意的你。

你的上司没有因为你的好态度而赏识你，反而变本加厉——被压迫都能面带笑容，说明压力还不够，年轻人总该挑点重担，才能进步，所以别人偷懒翘班假公济私，你却不能出一点点差错。这样才是你，积极向上的你，勇往直前的你，工作做最多表扬却最少的你。

习惯了这样的你，在爱情上也是如此。全心全意地爱上一个人，只知道掏心掏肺地对他好。下雨了，不需要他来接送，生气了不需要他来哄。什么困难什么挫折什么小小难过，你都可以自己一个人扛。你以为这样的你聪明、睿智、独立、优雅，没想到最后男人移情别恋，对你弃若敝屣。他说：永远不发脾气的女人就像白开水，解渴，却无味。你那么坚强，他在不在都一样。

即使是这样，你也不肯垮掉。你不向任何人诉苦，不大哭大闹，甚至不开口挽留。你潇洒地转身，华丽地走掉。直到一个人时才允许自己有些许的放松，可就算是一个人，你也鼓励自己，未来可以更好。

这个时候其实你需要朋友，但是在朋友眼中你一直是什么都懂什么都可以解决的人。你还没来得及说说自己受到的伤和痛，就先去为别人失恋暗恋错恋出主意想办法。朋友们都雨过天晴转哭为笑才想起来问问你怎么了，你却顿了顿，然后说什么事情都没有。于是最后，你终于成为一个无所不能的女人，阳光外向充满正能量，但也是内心孤独。

只是一部电影，你看了为什么沉默？

最边上那对情侣靠在一起，女人在流泪，男人忙着递上纸巾，多和谐的画面！第三排那两个女孩，一起哭一起笑，青春多好！你看看自己周围空着的座位，发现自己像一座孤岛。你试着挤挤眼泪，却发现哭也是一种习惯，因为太久不哭，想哭的时候竟然哭不出来。你是那场电影里唯一看上去无动于衷的人，或许你心里也有小小的悲哀，只是没人看得出来。

你走在马路上，冬天的雪花像撕碎的情书，砸在人头上。所有人都行色匆匆，因为有一个方向叫作家。你为什么不着急？没人等待的家，就没有吸引力吗？"一个人也可以快乐"，书上这样说。

可书里都是骗人的。一个人，寂寞吞噬掉快乐，怎么抢得过？

你在地铁上，被人挤被人推被人揩油吃豆腐，你躲你闪你怒目而视，惹了一肚子气却无处发泄。你独自走夜路，一个人吃方便面，你舍不得杀死一只蚂蚁，因为它是你唯一的伙伴。

你和自己打赌，和自己比赛，和自己商量讨论，甚至吵架。你对着远处大声喊：什么都打不倒我！然后在心里偷偷想如果这时候有个人肯发现你的逞强，愿意借你个肩膀，你是不是就此承认自己的懦弱？

可你还是没有，你只是蒙上被子大睡一觉，第二天又斗志昂扬地出现在人前。这样的日子一天天重复着。一次次夜里一个人拥着已经冰冷的棉被被噩梦惊醒，一次次走在陌生的街道上不知道行程，一次次想找一个人陪伴却打不出电话……

当坚强成为一种惯性，自己都不肯原谅自己偶尔的懦弱。

不经意间就学会了演戏，演一个淡定、喜怒不形于色的女人。

有多久没有撒过一次娇？有多久没有大骂一次？有多久没有放肆任性？在这样的节制里，一天天老去。

其实大可不必。

你不是女金刚，使命也不是拯救地球，所以嬉笑怒骂都是你。你，不必做仙女。

你有权利难过、不安和哭泣，你可以示弱、痛苦和无助。打不倒的是不倒翁，而你是女人。坚强不是刚硬，而是柔韧。

没必要和自己过不去，想哭就痛痛快快哭一次，想倾诉就痛痛快快说一次，想发泄就痛痛快快闹一次。

就算撕掉了精心维系了很久的面具也无所谓，一个高高在上、完美无瑕的女人并不可爱。

做一棵树固然枝繁叶茂，可是木秀于林，风必摧之，反而做一棵草，更有春风吹又生的耐力。

人生在世，
就得努力奔跑

那些为生活奔波的人，
懂得努力，懂得尝试，
懂得生而无憾的道理。

人生在世，就得努力奔跑

听说我的邻居失业了，真是一个意外。

她的母亲哭着跑到我妈这里来说：该怎么办，30岁的单身姑娘没了工作，成日成夜地待在家里不出门。动不动发牢骚，嫌弃家里没关系，没背景，没后台，使她处处受气，总之，没让她过上锦衣玉食的生活。每次吃饭板着脸，一天都不说一句话，一说就动气，整个家里阴森森的。她母亲说着，就哭得伤心，显然是因为女儿的不争气，当然也因为自己的无可奈何。

赵小姐和我是从小到大的邻居了，她是去大城市读过书的人，毕业后回到我们这个小城市。小城市有小城市的优势，比如生活成本低，交通便捷，竞争压力小，加之是故土，所以省去了一大笔的租房费，偶尔可以去父母那边沾一些福利。赵小姐回来，这些原因占了一大部分。当然，小城市也有小城市的劣势，发展空间小，晋升机遇小，人际关系圈小，当然工资也会相对少一些。赵小姐回来后，先考过公务员，未进；考过教师，未进。后来找了一家还算大的企业，终于进去了。

可是，进去了，对企业便千般不满，嫌弃企业加班、领导偏心、福利不够好，演化成和同事关系不好、和上级关系不好、和客户关系不好。自然而然，她成了企业实习生中第一个被炒掉的人。她和我说，留下的几个有些是关系户，有些是马屁精，看不惯她们，所以自己被炒了也是正常。我说，你努力了吗？她说，不想努力，不想和他们一样，那么小的城市里就算再大的企业也没什么前途。她说得坦然，不过分明是自欺欺人。

小城市的企业，没什么前途。这是她对自己不尽心工作找的借口。大多数人，对别人的成功，总可以寻找千万个看似简单的捷径，而对自己的失败，往往归结于运气不好、遇人不淑、没有关系，而忽略了自己本身的不够努力。赵小姐算是个典型。

实话实说，当今社会，许多人眼中好的工作，无非两种：一是有编制，有编制就是铁饭碗，当然无关城市大小，要的是一种感觉；另一种是大城市的白领，风光无限，整天出入高档餐厅，穿名牌。不得不说，大城市里的金字塔顶端容得下更多的人，所以机会更大。不像小城市，平民永远游离在外。可是，小城市也因为凝聚了不那么多的人才，给努力的人腾出了更多的空间。

我的学长王先生，他工作仅仅六年，现在是一个集团的副总经理了。我的学校是三流学校，论文凭，实在不算拿得出手。而王先生自己出身农村，上下三代皆是背朝黄土的农民，所以在他身上没有什么背景可言。而他却成功了，他的成功皆源于自己。他毕业那年运气也不好，没有考上编制，看着别人纷纷去了机关，去了学校，做着看似风光的工作，他觉得自己的人生灰暗极了。

不过还好，他很快意识到自己不能消沉，毕竟家里不可能负担他一个无所事事的游民。于是，他进了企业，从最底层的销售人员开始，每天跑业务，没日没夜的。当时，他每天为了跑业务，几乎把城市里所有的小快餐店都吃遍了。淋过雨，晒过太阳，他说，现在回头，真是佩服当时的自己，是怎么有勇气这样一次次面对别人的拒绝，他只是说，他不甘心就拿着2000元的工资，他至少要奋斗，也算是没有遗憾了。

我们常说，大城市里，是你被城市推着走，所以在大城市工作的人看着劳累，却每天都有使不完的劲；小城市里，是你跟着自己的节奏走，所以你不努力，永远是心有余而力不足地活着。你永远不知道当你看着电视、啃着零食、发着牢骚的时候，别人是如何的努力。你也永远不知道，你置身于外的时候，有些人已经悄悄地爬到了某个可以有利于他成长的空间之中。

身于小城市，确实有太多的无可奈何，可是，这不足以成为我们碌碌无为的借口。前两天，我在公交车上碰到一个四年前曾一起坐公交车上班的男人，那时他中专毕业，一脸青涩，来自外地的他甚至连语言都不通，可他总是很努力，早上6点半就出门，坐上一个多小时的公交车去上班，下班也很迟，脸上一点没有倦容，笑嘻嘻的，乐观、满足。现在他已经成了一个企业的部门主管，买了一辆代步车（那天正好车破了，所以没开），三环以外贷款买了一套小房子。他自豪地说，他赢了那些学历高的人，赢了本地人，因为他确实比较努力。

有些人，总是抱怨自己成长的环境不够好，自己的父母不够有钱，自己的家境不够显赫，他们觉得这是一种劣势。可是，既然你认为是一种劣势，为何还不知道知耻而后勇，努力向前呢。我钦佩那些为了生活努力奔波的人，至少他们懂得努力，懂得尝试，懂得生而无憾这个道理。小城市的金字塔顶端不大，但又不高，努力了不一定能爬上，但不努力一定爬不上。小庙里的小和尚，如果想成为大和尚，也是需要经过时间磨砺和考验的，毕竟生活是一种信仰，你不够真诚，它便会岿然不动地让你原地踏步。

独立自强，做自己的女王

1

不知道为什么，前几天被某口红刷屏了。朋友圈里各路朋友、代购都开始趁着这个噱头大做文章。有问男朋友要口红的，有炫耀已经买到口红的，还看到好几个代购说，这款口红已经断货了。

当我还在了解事态时，西瓜在我身后傲娇地说："我才不问大鱼要口红。一支口红不过几百块，平时少逛个街就能买得起，为什么还要找男朋友要？自己买的口红才用着开心，花自己的钱才有安全感。"

西瓜是那种"口红我有，你给我爱情就好了"的独立姑娘，她有几十支不同色号不同牌子的口红，从不问大鱼要任何礼物，高冷、傲娇，偶尔也撒娇卖萌，跟男朋友过得很合拍。

我问她："除了口红之外，你为什么不问你家大鱼要礼物啊？"

西瓜想了想说："我觉得呀，我自己有能力买喜欢的东西，可以随心所欲选喜欢的东西，为什么还要对他伸手呢？如果他不喜欢我喜欢的，如果他当时正好没钱，那我问他要的话，只会增加他的负担，与其这样还不如我自己买，然后再开开心心地和他谈恋爱。"

当然啦，对于西瓜和大鱼的爱情想必大家都是知道的，所以对于西瓜的观点，我当然不反对。

从小到大我都不喜欢问别人要东西，看到喜欢的玩具、衣服，会跟妈妈说好做什么事换来，在高中的时候就已经写文章拿稿费了。不是我不想要，而是不会开口要。

我也还记得上大学时的一个舍友，每天把自己收拾得漂漂亮亮的，上课前总是涂上口红才走出宿舍门。当时我们都以为她家境殷实，她每个月的零花钱很多，但事情有时候并不是我们想的那样。

有天晚上宿舍夜谈会，有人就问她："你每个月的生活费多少啊？看着你每天打扮得光鲜亮丽，我们都好羡慕。"

她被问愣了一下，支支吾吾地说："没有啊，我只是想每天以自己最好的状态出门，用好的心情开始一天新的生活，只是这样而已。"

也许，你会觉得，长得漂亮的女生才有资格过得像女王，但其实活得漂亮才是本事。

你可以辗转忙碌于家务中，做这一切不是为了讨好谁，只是想要自己生活的环境更美；你可以穿最美的衣服，化最漂亮的妆去赴约，做这一切不是为了吸引谁，只是想让自己在别人的眼中看起来优雅而独立。

2

在我的身边有这样两类姑娘，一类是陷入感情的泥潭，整天闷闷不乐；一类是光鲜亮丽，情绪感情不外露。前者每天找人倾诉求陪伴，变得自怨自艾；后者很好地驾驭了生活，掌握了自己。

前几天看到听众的故事，莉莉跟男友分手了之后，每天雷打不动地跟我聊天，总是在诉苦的过程中否认自己："我是不是哪做错了，我哪里不好，我还不想分手。要怎么样他才能重新喜欢我呢？"

隔着屏幕，我都能想到她委屈地擦鼻涕的样子，我脑海里浮现出了《欢乐颂》里的邱莹莹。一个小姑娘，孤身一人想在大城市站稳脚跟，但生活没有那么容易，她先后丢掉了工作，失去了爱情，在这样的双重打击下，她变得不堪一击。脆弱又敏感的玻璃心，在那一刻完全崩塌，她整天以泪洗面，失去了动力，也开始变得慵懒。

你也曾为了爱情痛哭过吧，整日整夜地睡不着觉，不敢闭眼，怕被回忆侵蚀得体无完肤，白天让自己忙得顾不上吃饭，不能停下来，也不敢停下来。

后来，在时间的帮助下，这些看似生命中最灰暗的时候终于过去了。你看，其实有些忘不掉的，在念念不忘中就忘掉了。

3

在微博上看到这样一段话：

女生为什么要努力，因为这个世界没有谁永远是你的依靠。

所以你该学会坚强，无所忧愁。总有一天你也会发现，酸甜苦辣要自己尝，漫漫人生要自己过，你所有经历的在别人眼里都是故事，也别把所有的事都掏心掏肺地告诉别人，成长本来就是一个孤立无援的过程，你要努力强大起来，然后独当一面。

你也许会说，做女王哪有那么容易。

是啊，就是因为不容易，所以你才要努力地去成为女王，不是那种有权有势头戴王冠的女王，而是那种能过着自己喜欢的生活的女生，把自己变得更好，然后去遇见更出色的人。

你只有自己努力了，便有插根在土壤里的机会，才可以向你喜欢的那个优秀的人靠近一点，可以在看到你心仪的物品时毫不犹豫地买下来。

你曾幻想过吧，有一天会遇到那个踏着七彩白云身骑白马的王子来找你，然而，世界上并没有那么多王子，而王子身边不仅有灰姑娘，还有白雪公主，所以你只有变得更努力，变得更好，才可能让这些存在于童话里的故事，在你的身上变成现实。

4

以前听别人说，在这座城市里生活的每个女孩都有两个灵魂，一个是女王，用来在白天与别人厮杀；一个是婴儿，用来在深夜小声宣泄。

白天的时候，你要全副武装面对一切困难和险阻，穿着十厘米的高跟鞋，为自己的未来打拼。

晚上的时候，你可以卸下妆容，热上一杯牛奶坐在床上伸伸懒腰，等着拥抱更美好的明天。

虽然未来是未知的，但只要你肯努力，你的婚纱、你的环球旅行、你的口红和包包、你的国王，岁月都会给你。

生活从不会因为你是女生就给你开绿灯，你真心想要的，没有一样是轻而易举就可以得到的。你所有的努力，只为在那个对的人出现时，可以理直气壮地说一句：我知道你很好，但是我也不差。

愿你成为自己的太阳，无须凭借谁的光。

换一种方式，你将变得很厉害

1

有人问我：感觉自己干什么都不行，哪方面能力都不强，怎么办呢？怎么找到自己擅长的地方，走向成功呢？

对于这个问题，我想说一下自己的故事。

我是个文科生，没有那些牛叉的技术技能，大学学了个新闻学专业，从大学到刚参加工作，一度觉得没什么用，甚至延伸到了上大学无用论的那个层次。上大学的时候，我一度很自卑，身边的同学，要么是学霸要么是活动达人，我就介于这两者之间，不尴不尬地过了四年，有多少人跟我是一样的呢？

当然，我没有因为迷茫，就去否定大学需要努力学习、努力参加实践这件事情，我只是讨厌自己那么早就参透了这些，甚至我一度因为觉得自己纯粹是为了偷懒而什么都不想做而感到自责，甚至极度痛苦。

直到今天，我开始释怀，如果找不到让你舒服的状态，或者找不到能引爆你动力的事情，那你所做的就没有任何意义。当然，有人说努力学习考上研究生能找好工作挣大钱，这就是动力啊；参加社会实践能找好工作挣钱，就是动力啊；上班了多多努力多发点工资，就是动力啊，如果你是指通过物质化的回报当作自己的动力，那么我不予置评。

我所强调的，是能够找到自己喜欢的状态，说大了就是延伸到一种使命感。

回归到现实，我们大多数都是普通人，我们需要做的是在自己的生活里，找到自己喜欢的那种状态。

2

我大学里就做了两件事：一是看书，二是写日记。每个夜晚熄灯后打着手电筒，一点点记录自己心里的烦恼，因为当时的自己完全没有那份耐力，去化解心里的忧伤。

甚至有段时间一度觉得自己得了抑郁症，很厌世，什么都不想做，但是我还是会泡图书馆，坚持写日记，或者说不需要坚持，我是必须每夜写上几张纸，才能睡去。

毕业后工作了，找到了跟专业有点沾边的传媒公司的一份工作，进去后发现干的事情，跟大学半毛钱关系都没有，其实我也是后来知道，原来大家都是一样的，只是我当时依旧不知道罢了。

就这样恍惚地过了两年，工作不咸不淡，没啥感觉，也没激情。

我开始觉得不对劲了，我又开始纠结那些终极问题了：我到底适合什么呢？我不会就这样过一辈子吧，万一找不到自己喜欢的生活方式怎么办？

我开始慌张了。

我只能自救了。

3

我细细地罗列一下那些生活中很不起眼的我。

在工作上，我现在所做的事情，就是写写文案整理一下表格，但是我写的专题推荐跟软文都不错，这些就得益于我平时爱看有意思的广告文案，还有那些有意思的时事热点。

我觉得那些脱口而出的创意点跟文案，在别人看来都是难想到的东西，我说你们多看路边广告牌，多刷新闻，多听听别人讲故事。同事会觉得做不来，我突然觉得，各有所长看来真的就是这样的，我这平时爱观察爱学以致用的性格，还是蛮有用的。

在同事关系上，我是个爱憎分明的人，遇上很奇葩的同事，就会躲得远远的，遇上不错的同事，就会多多分享，一起吃喝玩乐。跟大家都搞好关系那一套说辞，不适合我。

我一开始也很纠结，但是后来我发现，当你专心做自己的时候，反而是最轻松的。

后来，部门搞团建聚餐活动，活动安排交给我，我也乐意接受这一切，因为我擅长出点子并去执行，我喜欢操持这个吃喝拉撒的小事情，并且喜欢井井有条地处理好。

这样的结果是大家都很感激我，至于那些占了便宜，最后一点反馈都没有，甚至还各种抱怨的同事，那这一次就当作教训，下次他再来参与，我就拒绝筹备这次活动，他也就自知之明地离开了。

在生活上，我是个吃货更是个喜欢下厨的人，各种菜式包括拼盘还有烘焙甜点，都会尝试，以前我不觉得这有什么，直到现在我才渐渐发现，会有人因为这个称赞我很厉害。

很厉害？以前我只会笑笑，我觉得这只是一种生活方式，直到现在我发现，这种叫"一种生活状态"的东西，正是让一个人获得内心平静的神丹妙药啊！

好比说有人喜欢登山、潜水、跑步，有人喜欢一个人独处思考，还有人喜欢呼朋唤友聚会，牛叉的那些做研究实验，程序员们敲代码，还有一大堆"90后"小孩创业卖果汁卖肉夹馍卖手抓饼，以前看记者采访他们说，你为什么要选择这个，他们回答是为了开心，我总是不能理解，现在我明白了，"忠于自己的内心"是一件多么简单而又奢侈的事情。

多少人把自己囚禁在一个程序化的世界里，人来人往、上班下班、公车地铁，看到别人高喊这世界有很多种生活方式，然后想想就算了？

4

我也是一个普通的上班族，我也没有那么多的资本高喊旅行冒险，去见识外面的世界，我做了什么呢？

因为第一份工作是国企，安逸舒服的生活，不能让我内心平和，所以我跳槽到了一家互联网公司，每天写策划出方案，这一切工作要求，使得我每天刷微博逛知乎刷新闻网站，甚至开淘宝京东天猫，都成了一种找创意点的方式。我一边干活，一边吸收在网上获得的知识，每天一点点，我有的是耐心。

我自己经营了一个微信公众号，叫"她在江湖漂"。一开始目的很简单，因为我找不到喜欢的质量高的微信阅读号，那些纯粹为了吸粉的标题党，一度绑架了我睡前的时间，最后一无所获让我气得胃疼，所以我就自己弄了这个微信公众号，专注于跟我一样迷茫而又寻找出路的女生们。

一开始我就挑自己喜欢的文章推荐，心情好了还写点自己的感悟，一大堆赤裸裸的麻辣反鸡汤，看得我舒服也高兴，直到后来决定自己写东西，结果发现有好多姑娘跟我留言分享自己的难点，我开始觉得，干吗要去改变这个世界啊，你看我能够让这些女生每天后台给我留言，"找到了同类中人"，这种爱分享的性格与能量，也成了我快乐的一种源泉。

我一向爱折腾，各种手工尝试的蛋糕甜点，会带到办公室跟大家分享，同学同事隔三岔五来家里蹭饭。我认识公司里一个年长的姐姐，跟她出去吃饭会探讨这个菜式的做法，还有餐具的摆设、餐厅的装修风格，翻桌率、人力培训成本控制都慢慢地聊开了。我就是这么无聊而较真，吃个饭，也会用自己的想法去思考，这些能不能让生活变得更美好的手段。

直到今天，那个大姐每天都念叨着，你要哪天开餐厅了，我一定会跟你投资，不光是你爱好擅长这件事，我觉得你这个人就是有生活味道的。

我笑着，餐厅开不开得成另说，我这个人渐渐变成了别人觉得有意思的人，其实这一切的前提，是我自己过成这样的，而不是为了别人的期待或者愿望才要去做什么的。

5

啰唆了这么多，至今想来，自己所做的这些，貌似跟大学没啥关系，其实关系大了去了。

我现在遇上难题，就会翻大学的日记跟读书笔记，觉得那时的自己真是幼稚荒唐，怎么会问那样的问题。但是想想要是没有那时的纠结，今天的我也不会懂得利用身上这些特质，去让自己的生活变得更好一些。

比如写作、分享，成为闺蜜各种情感问题的垃圾桶，遇上餐厅的美食回家动手试验一番，作为同事跟朋友的衣服搭配顾问，跟年长的人聊人生哲学，跟外向的人聊美食、电影、跑步健身，跟内向的人聊能量法则，聊一个人独处的舒服感。

也正是因为一个人把很多问题都纠结过了，所以当我现在意识到这种状态时，我已经学会梳理自己的情绪，然后一点点自我分析，进行自救，也可以一点点敲下这些文字。

我可以告诉你要多读书、多参加聚会、多找牛叉的人学习、多投资自己，但我无法确切给出下一个问题的答案，比如读什么书好？怎么才能找到聚会圈子？如何认识牛叉之人？怎样投资自己比较好？甚至还有，同样的价钱，同样的条件，去学管理技能课程好还是报一个 PPT 培训课程好？

我们这一生伴随着问题而来，我开始明白这一点，同时我明白自己的境界太低，但是这不妨碍让我在这条寻找自己喜欢的生活方式的路上继续前进，我也需要牛奶面包，我更需要找到人生意义之所在。

很多人问我最喜欢的电影是什么，我从来都不会说是《三傻大闹宝莱坞》，这不是大片，却是最打动我的一部电影。

可笑的是，多年前在大学宿舍看这部歌舞印度片的时候，笑得前仰后翻，跟舍友各种吐槽，而现在，上个月再拿出来看，大半夜哭到不行，兰彻的那一句"追求卓越，成功自然而来"让我一夜无眠，多少人是把这句话反过来过这一生，还要抱怨人生的意义找不到，殊不知，我们要的卓越，其实是自己喜欢、擅长并且还能坚持的东西。

或许你已经知道了自己喜欢什么，擅长什么，但是你不愿意把它释放出来，因为，不是所有人都有勇气离开舒适区去做出改变的，也不是所有人都能意识到，即使现在还没有物化呈现的转折状态，但是已经开始慢慢去挖掘并默默积累的。

马云离开舒适期之前，默默做了六年英语老师，可是这个默默的过程，真的只是纯粹的上课下课而已吗？

时间看得见，愿你我共勉之。

能在地上留下印记的，是脚印

换了一份新工作，是一家外企，听到新同事们用英语直接交流，我好生羡慕，却也无可奈何，尤其对我这样一个英语底子薄弱的人来说，短时间内提升英语，似乎太难了。

主管王凯看到我那么着急，说他可以帮我学英语。他之前是一家英文培训机构的老师，可以毫不费力地帮我把英语提高上来，但前提是我得配合他的要求。

王凯把要求写在了一张白纸上，让我每天看那张纸，比如，早晨起来要拿出半个小时读英文，中午听 BBC，晚上睡觉前看单词。除此，内心还要保持简单，就是短时间内什么都别想，就想我要学好英语，一定要学好。

我点头答应："好的，好的，这个好实现呢！"

他笑了："不见得好实现，试试看！"

结果，我坚持不到一个星期，就气馁了。说真的，他的要求看似简单，但在执行的过程中，我却发现，日常琐碎会打破这些计划。比如你正背着单词，却发现还没有吃早餐；吃过午饭，你想听BBC，却困得睁不开眼睛……

我把这些苦恼讲给王凯听，凯哥笑了，你这些困难每个人都要面对的。事实上，决定成败的并非是我们遇见的困难，而是我们在困难面前的反应。有人会妥协，有人会逃避，有人会换一个方向，有人会盲目地离开，也有人会想办法去攻克……

　　原来，当年凯哥是体育大学毕业的体育生。毕业那年，一场意外伤到了他的腿，一个暑假，其他同学都在找工作，只有他一个人默默地躺在病床上，煎熬着时光。

　　好消息陆续传来，但都不属于他。他的室友们都应聘上了体育老师，那也是他梦寐以求的职业。大学毕业，丢给他的仅有失望与遗憾，他不能做体育老师，却也没有其他的打算。他躺在病床上，眼睛瞪着天花板，青春在那段时间似乎一下子就过完了，他意识到自己要为前程做一个打算，定一个目标。

　　他的心是悲观的，甚至有些自暴自弃。他一边规划一边嘲笑自己，突然觉得那么无力、无能，身为七尺男儿，居然无法站稳，还要在这里谈论人生规划？

　　一怒之下，他拔掉手臂上正在打点滴的针头，看着流血的伤口无动于衷。此时，一个坐着轮椅路过他病房的女孩见状，赶紧喊来医生，为他包扎伤口。

　　女孩站在他的病床前，与他分享自己的故事。她也是一所名校的研究生，现在读二年级，本来要去美国做交换生，她一直觉得自己是世界上最幸运的女孩。一天早晨醒来，她却发现自己的腿肿了，她一开始以为是劳累所致，并未想那么多，后来腿越来越肿，肿到她无力行走。妈妈曾责怪是她太娇气，还特意带她去中医院按摩，当中医建议她住院治疗时，她才意识到事态的严重。

她只知道自己得了重病，却不知自己究竟是什么病。她在这个医院住了很久，一开始也有想过要轻生，后来却觉得人终有一死，想死得有尊严一点。可对于一个不知自己病情的人，一个不想打破此时宁静的人来说，有尊严的死也是一种挑战。

于是，她只好坐着轮椅，在病房里来回晃动，帮助一些需要帮助的人。她说，自己并不是信佛之人，但她依然相信善意的举动或许能帮到自己的来生。女孩是悲观主义者，她却想用仅有的力量帮到别人，换来一点点乐观，以及生的尊严。

凯哥听到这里，早已被感动得不知所措，想想刚刚的举动，自己真是太鲁莽了。他开始自学英语，梦想成为某英语培训机构的英文老师。他不再把注意力放在自己的腿上，每天早晨醒来，第一件事就是背单词，晚上睡觉前抄写英语文章，除了睡觉，他醒着的时候都用来学英语。他逐渐忘记自己还是个病人，也不再羡慕那些毕业就能去做老师的人，他只期待自己赶紧好起来。

终于，一切如他所愿，他成了某机构的英文老师。他一路向前努力着，每天上课时，他都会寻找与女孩相似的脸庞，他期待看到她，一直牵挂着她，却再也没有见到她。

茫茫人海，有时候某一束亮光突然照在我们身上，我们便成了另一个人。一个悲观主义者的内心悄然升起希望，一个几乎绝望的人开始向往梦想的生活，并且开始行动去帮助他人，而这就是女孩所说的有尊严吧！

我们总期待，人生啊，再平坦一些吧，命运啊，请不要给予太多离奇，可我们的双脚常常就踩在那泥泞的路上啊。

平坦的陆地上，纵使你跑去，也留不下任何脚印；而泥泞的路上，无论你的心有多么悲伤，那脚印都能深深印在大地之上，它在告诉你，你来过，你真的来过，你曾在这里发生过故事，你接受过命运的考验，曾跌倒过，后来从容地爬起来，拼尽全力地跑过去，虽然满身泥泞，却也无比精彩……

毕竟，能落到地面上的并非眼泪，而是一步一个脚印。

请你逼自己优秀起来

我曾到一个非常富裕的家庭,给一个念高中的男生做家庭教师,对一件事情,印象深刻。

这个家庭不仅富裕,还非常有影响力,所以这个家庭的每一个人,眼睛都是长在头顶的。但是那天,家里来了一个客人,一名只有 20 岁的大学生,家里的每一个人都突然变得卑微,如临大敌。

孩子的父亲,原本应该不在家在公司的,回来了……

孩子的母亲则一早催促家里的阿姨准备水果和拖鞋,平常,这些事情,孩子的母亲是不会亲自过问的……

我十分好奇,一会儿来的,是什么样的人呢?这样大的能耐,是不是三头六臂?

终于等到了。

全是失望。以我的目光看,外表就是一个普通的年轻人。不普通的,是他刚刚考入东京大学,而且是最难考的医学部。

一切也就清楚了,我的学生是高中生,念的原本是国际双语学校,家里计划高中毕业就送去日本,在日本参加考试,考日本的大学。这位 20 岁的年轻人考得这么好,一定有很多经验可以向孩子传授,所以就成了这家眼高于顶的家庭的座上宾。

那一天，这个家里的每个人为了请他多为孩子传授一些经验，都竭尽所能。

大学生走了，孩子的妈妈向我感慨，"你知道这个大学生这么有出息，他爸爸妈妈是做什么的吗？"

"不知道。"我当然不知道了。

"他爸爸妈妈，是在市场补鞋的。"

这件事情给我的印象这样深刻，以至于我常常想起。

偶尔去那个市场，见到大学生的父亲。

知道他东京大学毕业，去了哈佛念哈佛医学院，留在了美国。知道他的父母亲不再在市场补鞋，而是住在非常宽敞的房子里，这个房子，是他念东大的时候，得到奖学金，为父母买的。

知道每次大学生回国的时候，都会有很多人，其中不少是城里的达官贵人请大学生到他们家里做客，给他们的孩子介绍学习经验什么的。

大学生的父亲说，有什么学习经验可以介绍呢？

不过是大学生小时候，看到父母为人补鞋，难免被人瞧不起。有一个夜晚，漫天星光下，收完小摊后，补鞋的父母想起白天，客人包着鞋的报纸上，有一段话，觉得很好，想念给孩子听，那段话很长，父亲嗫嚅了很久，千言万语憋成了一句话：儿子，你要逼自己优秀，然后骄傲地生活。

一位作家说：孩子，我要求你读书用功，不是因为我要你跟别人比成绩，而是因为，我希望你将来会拥有选择的权利，选择有意义、有时间的工作，而不是被迫谋生。当你的工作在你心中有意义，你就有成就感。当你的工作给你时间，不剥夺你的生活，你就有尊严。成就感和尊严，给你快乐。

那位淳朴的、补鞋的父亲说的话，跟作家讲的这段话，其实是一个道理。

我们的身边，逼自己变得优秀，然后骄傲地生活的例子，其实有很多。

或许是街边卖麻辣烫家庭的小孩，或许是我们小时候的发小，或许，就是我们自己。

世界的确是这样，这是世界的真相，你有多优秀，世界就会回报给你多少自由和尊重。

人不是动物，也不是野花野草，天生天养，依靠阳光雨露就能活着；就算野花野草，也会努力争取更多的阳光长高，那人有什么理由，不去努力，不去变得优秀？

想孩子长大后体面、受人尊重，有选择、有自由地生活，就要舍得小时候逼孩子变得优秀。

就算这个过程孩子会受苦，苦过前面的 20 年，也好过后面的

60 年一直被生活逼迫、身不由己。

这是一个努力依然会有回报的时代。

作为一名平凡、普通的妈妈，我已经决定当孩子问为什么要努力的时候，告诉孩子我做家庭教师时的这段经历，然后告诉孩子那位父亲的话：孩子，请逼自己变得优秀，然后骄傲地生活。

我庆幸，遇到了那么多优秀的人

这辈子给我影响最大的，是生命中遇到的一个个女朋友。

她们有的与我亲密无间，有的只是泛泛之交；有人驻扎在我生活中再没离去，有的已经在茫茫人海中消失，只留下记忆。可她们就像一把把刻刀，与岁月、经历和情感一起，雕刻出如今的我。

幼时，我跟随外公外婆长大，隔代带大的孙子，被娇宠得像个野孩子。所以，回到父母身边上学的我，让他们头疼不已。与我的兄弟姐妹不同，我调皮胆大任性，而且一贯"指东向西"，用母亲的话说，"整个成长过程，你姐弟挨打全部加起来，还没你一半多"。

每次挨打，我都会哭得惊天地泣鬼神，搞得整个学院都知道父母对我动了手。当时我虽然只有桌子高，却知道父母都是高校知识分子，狂要面子，我的这种号哭法让他们很难堪。呵呵，既然不能摆脱挨揍，那好歹也要"惩罚"一下动手揍我的人吧！

这样一个顽劣异常的小姑娘上了小学，依旧横冲直撞，脾气糙得像一点就燃的柴火。多年后同学聚会，被津津乐道的桥段，还是她与班上最调皮、总捣乱的男生打架，像皮球一样在教室里滚来滚去，鏖战后站起身一脸的脏，却一副咬牙切齿、宁死不屈的表情。

这样的小姑娘，最喜欢也是最好的朋友，居然是班里战无不胜的"学霸"。"学霸"与她截然不同，她优雅文静、知书达理，说话轻柔细语，绝对淑女范。她跟着"学霸"放学，陪她玩耍，去她家看课外书，还买馒头、包子"贿赂"她。因为有这个优质"参照系"，顽劣小姑娘是否有了些今天略显优雅的"因子"，不得而知。可她至今记得，在小学毕业最后一次摸底考时，她紧随"学霸"小姑娘和"学霸"小男孩之后，排名班级第三！这是她儿时考试最得意的一次战果。同学们早忘了，可她至今对当时的狂好感觉记忆犹新。

　　初中时，小姑娘两个最好的朋友，一个是年级最漂亮聪慧的女孩，一个是文艺和体育天赋出众的女孩。人到中年后，她曾把少女时期的照片翻出来，左看右看突发感慨："那时我也很美啊，当时咋没感觉到呢。"后来想想，是因为好友们太"耀眼"，让她从没感到自己身上也有"光芒"，她没机会"傲娇"，却用闲书和球场安全度过了青春期的"泥泞"。

　　工作后，好朋友也分两大类：一种积极打拼型，一种温良爱家型。当然，积极打拼型并非不爱家，温良爱家型也并非不爱岗，只是生活、事业侧重有深浅。而且两种特质我都喜欢，没有良莠之分，只是不同女人因为不同命运和不同性格，做出不同的人生选择而已。

　　当然，也有能将两种品质完美结合的女人，这样的人需要足够的人生智慧、精力、体力，还要有足够好的命运相助。这种女人让人高山仰止，但我深知，得到一定与付出成正比，她们也有超常付出，也一定在我看不见的地方有痛失。

从这些不同特质的女友身上，我也有了不同的所得所感。

就像儿时跑马拉松，瘦瘦小小的我看不出有丝毫体育天赋，可我体育成绩却挺好。起初跑马拉松，我掌握不好节奏，一起跑就开始用力，结果跑到中途没了力气。之后，我开始学着年级马拉松冠军的办法，先跑到队伍中前列，盘算着最后阶段别人都没力气时用力冲刺。可最后，却和别人一样腿如铅重。

通过跑马拉松我知道，人有天赋之分，能力有大小，想成为马拉松冠军，只有体力和耐力结合得最好的人才能做到。但没天赋的我，也有办法让自己跑得不癞，那就是挑选比自己能力高一些的人，与她们为伍，由着她们甜蜜领跑。这样，你会觉得让人痛苦的马拉松也不那么孤独了；更重要的是，跑在前面的那个人，是你欣赏的，她可以带快你的节奏，提高你的能力和水平。或许，你有原先没有认知到的潜力，可在最后时刻超越她；或许你真的不够有天赋，但同样超越了原先的水平。

我们都是在寻找适合自己的马拉松"步频"。一万种人有一万种跑法，有人跑得很玩命，倾尽全力而为；有人跑得很悠闲，边跑边看风景；有人跑得优雅，身姿让人爱慕；有人却跑得张牙舞爪，姿势不是所有人都喜欢。

既然都在路上，你可以不与别人比，但总要尽自己的努力。途中一定有比我们有天赋、更努力的人，如果她们跑到了前面，就替她们叫声"好"，因为能跑在前面，是因为她们比我们付出得更多。

　　一个内心强大的人，会看到别人的努力，不会因为别人跑得快而着急，更懂得享受自己跑步的过程，跑好自己的赛程。也不会因为别人的步伐扰乱自己的节奏，而自卑自责自己不够快。不是每个人都能跑得很快，尽努力跑完全程，就是"胜者"。

　　人生的马拉松没有冠军，也只有跑步的人才知道，自己是否跑得开心。跑得愉快，就是最好的马拉松冠军。

有些烂事，你不必纠缠

1

有一年，我和老板在珠海过关去澳门的时候，被一个乞丐扯住了。乞丐身强力壮，一副不给钱不让你走的样子。

那个时候我 23 岁，年轻气盛，顿时非常气愤，和他偏住了。

我当时的态度是：你这是抢钱还是乞讨？你还这么年轻，不知道自己去赚钱啊？就算你扯住了我，我也不会给你钱！

老板发现我没有跟上来，原路返回找到了我。

他大致了解清楚后，和那个乞丐赔了个笑脸，马上从皮夹里掏出十元给了他，带着我匆匆离开。

一路上，我有点闷闷不乐，老板看穿了我的心思，说，是不是还为刚才的那个事情感到憋屈？

我说，是啊，这种人就不应该惯着他，不能认怂，憋了一口恶气在心里有点不舒服。

老板对我嘿嘿一笑，说，和他纠缠下去，客户还在澳门等着我们，耽误了时间怎么办？桌子，你以后要记住一句话：想做大事的人从来不会在烂事上面纠缠！

老板说的话，我当时根本没有听进去，当时只顾着自己的憋屈和难受了。

2

记得有一次高校毕业季，公司在大学招聘了一批应届大学生。其中有个女孩，长得高挑漂亮，口才和能力都不错，她和副总的关系处得比较好。

在他们的那一批应届大学生中，大部分人都不喜欢这个女孩，尤其是女性，那个时候流言四起，有人说她勾搭副总，企图获得职务晋升，甚至有人说，有一次看到她脸红扑扑地从副总办公室出来，肯定是两个人做了见不得人的事情。

她和副总的八卦成了他们那一帮人私下的谈资。

有一次我和她一起外出，聊天的时候，我忍不住点了她一下，"你知不知道现在公司都在传你和副总的绯闻，你要不要避讳或者澄清一下？"

她却对我付之一笑，说："没事，身正不怕影子歪，我现在真的特别忙，没有闲工夫去扯这些烂事。"

后来，她依然我行我素，根本没有去理会那些嚼舌根子的人。

和她接触之后，我发现她真的是很忙，上班的时候工作做得尽善尽美，为了业绩非常拼，PPT 美得像画卷一样，数据也都非常翔实。下班的时候，她不是上英语补习班、考职称，就是在健身房，每一天都过得很充实。

而那些喜欢嚼舌根子的人貌似都闲得慌，不仅工作做得差劲，而且没事就喜欢聚到一起聊别人的八卦和隐私，仿佛他们就靠着这些东西度过闲得无聊的日子。

一年后，戏剧性的一幕来了。

副总结婚了，新娘不是她，而她也新交了男朋友，她和副总的绯闻不攻自破。

两个月后，更戏剧性的一幕来了。

公司升了那个女孩的职务，成了那些嚼舌根人的顶头上司，因为她一个人的业绩就是那一批人总和的一半。

这个时候，那些之前嚼舌根子的人，纷纷掉转枪头，一个劲地拍她马屁，有的从家里拿来特产送给她，有的时不时送零食给她吃，甚至有的人出卖朋友，和她打小报告，说之前的谣言是谁谁谁传出来的。

记得之前听过的一句话：离太闲的人远一点。

深以为然。

闲人要是只是清闲就好了，他们还喜欢搬弄是非、造谣生事，不然他们的世界就没有一点趣味了。

她非常清楚这一点，不去理会这些烂事，和这些闲人争个高下，没有任何意义。斗赢了一堆闲人，你有什么成就可言？

有一句话说得特别好，看一个人的价值，去看他的对手就行了。

我不是不想和你斗，而是你不值得让我斗，我不屑于和你斗！

通过这件事情，我也真正明白了老板说的那句话：想做大事者从来不会在烂事上面纠缠。

烂事之所以烂，是因为你越在乎它，它越烂，让你跟着它一起烂，永远陷在里面。即便最后你赢了它，你所耗费的时间、人力、物力、财力，一去不复返，非常不值得。

周国平曾经写过一篇文章，大意是说为什么成功的人会在小事上面认怂，其实并不是成功的人懦弱无能，而是因为他们的时间值钱，去和小事纠缠的工夫会失去大把赚钱的机会，他们不过是在理性平衡之后做出的最佳选择。

一个月赚 100 万的人和一个月赚 1000 块钱的人，他们每分钟值的钱，能一样吗？

3

自从我在公众号上写作以来，我加了很多作者微信群。

我发现一个规律：越是文章写得烂，公众号越是做得不好的作者，越喜欢整天在群里面叽叽歪歪，这里说谁的文章写得不好，那里说谁的文章论点站不住脚，他们的语言攻击性很强，火药味很浓，好像整天闲得慌。

而那些文章写得好、公众号做得好的作者，几乎不见他们在群里面说话，投完稿后就不再冒泡，即使他们的文章被那些烂人点评为三观不正，他们也懒得回复半个字。

其实并不是他们怂，而是因为他们还有更重要的事情要做，要是有这吵嘴的闲工夫，一篇稿子又写完了。

成功者不会在小事上计较，但却洞察方向、把控全局。懦弱者才会在小事上据理力争，然而遇到一点困难就妥协。

我们每个人一生的精力是非常有限的，因此，欲成大事的人，必须将精力集中起来，心无旁骛才能专心致志。如果把精力和时间都浪费在一些烂事上面，必然对我们所做的事情产生很大的阻碍。

4

不在烂事上纠缠，是一种处世哲学，它还适用在很多方面。

你带女朋友去吃饭，遇到流氓向你女朋友吹口哨，你每天想的应该不是怎么对付流氓的这些烂事，你应该努力挣钱带她去高档的餐厅吃饭，因为那里没有流氓。

你深爱你的女朋友，你就不要去在意别人和你说你女朋友过去的恋爱史，这些小事没有必要在意，谁没有过去呢？你要想的是如何和她过好以后的人生。

你陷在一段不幸的婚姻里，你要想的应该不是怎么和渣男撕扯，怎么报复他和小三的那点烂事，你应该想的是怎么快速离开渣男，提升自己的生活品质，过好往后的生活。

你现有的圈子里，都是一群负能量爆棚，喜欢诋毁、攻击别人的人，你要想的不是如何打败他们，你应该加快你的脚步，脱离这个圈子，进阶到一个更高级的、充满正能量的圈子。

人生苦短，我们要做的事情很多，如果你想要收获一个丰盛美满的人生，就千万不要和烂事去纠缠！

只想对未来说一句"我敢"

1

我在各地做公益演讲结束后，总会有人问我一些问题，被问得最多的是：活着已实不易，为什么还要那么拼？

我都会回答他们，今天的努力，不过是为了让未来多一些选择。当你在一份工作中无法进取，当你讨厌一种生活方式，当你想离开一个人，之前的努力会让你在做决定时更为轻松，会多一重保护、多一些资本。

这一切认知，都源于那次我去山东济宁做讲座认识的一个姐姐。她曾说，自己那么拼命，不过是想在未来的某个时刻，不再遵从别人安排的命运，而有自己选择的权利，她敢对不满意的生活状态说不，敢辞去一份自己不愿继续的工作！

而这也是她多年来一直行走与努力的源头。

2

姐姐开车来火车站接我，我们路过一家公司时，她特意停下车来，和几位看上去年纪较大的女人打招呼，彼此寒暄许久，我们才离去。

路上，她告诉我，说那是她十多年前的同事。她已离开那么多年，未想到她们还在，她每次路过，偶尔还会遇见她们。我这才得知，这位姐姐已年近40。若不是她亲口所说，我简直不敢相信，因为她看起来依然像个活力满满的元气少女。

姐姐说，她曾在那家公司工作过几年，那里留下了她最美好的时光。当然，那也是她最迷茫的日子。

她高职毕业后，就被分配在那家公司，八个女孩住一个宿舍，公司管吃住。她们每天6点起床，穿一样的工作服，待在一样的工作间，在仪器上做同样的动作。工作两个月下来，八个女孩已从兴奋不已变成了失望满怀。但那个年代，谁也不舍得丢弃那个铁饭碗，毕竟在外人看来，那已经相当光鲜亮丽。

那时，几个女孩每天在相同的时间做同样的事情，包括抱怨、嬉闹。每天夜里，宿舍关灯，几个女孩都会聊天，聊的内容重复而无聊。姐姐睡不着，一个人拿着板凳到开水间坐着，看着宿舍两旁开花的树，发呆。她那时想得最多的是家人生活不易，自己能力有限，难以回报父母，为此她每天都很焦虑。要想改变命运，她唯一想到的就是自考大学。

于是，每到傍晚，当其他女孩还在抱怨或聊天时，她都会坐在那排树前看书；夜色深了，她就挪到开水间继续学习。对当时的她们来说，自考大学如此遥不可及，所以，室友们留给她的只有嘲笑。而她，并不在意。

同行的人啊，为什么会越来越少？大多是因为你和身边的人有了不同的想法。你迈步走向更为宽阔的前方，那未知如此可怕，也充满神秘，而这诱惑正是你身边的许多人所排斥的。他们一边抱怨，一边又安慰自己，安稳就够了。

就这样考了三年，她最终还是考上了，拿到录取通知书后，她毅然辞职前去济南，找了一份新工作，半工半读。当她离开宿舍时，其他七个姑娘的眼神中满是羡慕，但那光彩还未多停留半刻，她们的目光就被新来替代姐姐的女孩所吸引了。她们拉着她，好奇地问东问西，俨然忘记身边的姐妹早已逃出这"牢笼"。

有时候，可怕的并不是我们不努力，而是努力的人已经走到了我们前面。我们除了心生羡慕，依然做不出任何改变，找不到努力的方向。

3

姐姐毕业后，重新去找工作，未想她又被返聘到原来的工作单位，重新站在那家公司的门口，那一屋姐妹依然是那些女孩，穿着同样的衣服，做着同样的工作。她们看到她也笑了，认为她折腾了三年，虽然职位有所提升，但还是重新回到了原点，多少有些不值得。

姐姐不甘心,又坐在那排树前和开水间,去考会计师证和律师证。那时又恰逢她结婚,老公也劝她不要再那么拼命,她却很执着。

　　有一段时间,姐姐疯狂地掉头发,她以为自己得了健忘症,看书一遍又一遍,却又记不住,去医院检查时,才得知自己怀孕了。她挺着大肚子还在学习,那时,身边的人都说她:"家庭条件这么好,不如做个全职太太算了。"她只是笑。直到孩子出生后,长到一岁多时,她终于拿到了双证,她重出江湖,应聘到了另一家单位,坐上了主管的职位。

　　果不其然,这个结果,震惊到了那些劝说她做全职太太的人们,也让原来公司的那些女孩们大吃一惊。

　　姐姐说,最初她努力学习,想逃离的不过是八个人挤在一起的宿舍楼,她真的很想改变自己的现状,让自己活得更好,还有余力可以帮助年迈的父母。一路走来,除了收获这些,还有更多的意外,让她觉得自己并没有白费力气。但她最怀念的还是开水间的灯光,无数个夜晚,她就站在那灯下,看书或思考,等待命运给她一个回答。有时绝望,有时又充满希望,大概那是每一个欲求改变的人迈出步伐时,都会必经的道路吧!

4

　　活着,需要的就是改变,想要更完美就要经常改变。很多时候,努力带给你的优越，是你一时看不到的。但经过一段时间再回过头去看，或者在某个面临选择的瞬间，内心坦荡并无恐惧的你，才能体会到努力的意义。

我们努力地改变自己，接受生活和命运的安排，不过是想让未来多一个选择，多一层保障。

直到此时，我才明白，每一个有信心对未来说"我敢"的人，都注定走过不平凡的路。每一句"我敢"的背后，都藏着一个努力而拼搏的人。

做自己，其实也并不是那么难

前两天，有个读者朋友留言说："你总说要知道自己在哪，做自己想做的事情就好，可是究竟有几人能真正做自己？"

我问："你现在的生活，不是你想要的吗？"

他火速回复："我连想要的生活是什么都忘了。"

于是，这位读者给我讲了他如何离梦想越来越远的故事。

你连改变的勇气都没有，凭什么过想要的生活？关于改变和创新，可以听听下面几位赤兔大咖的分享。

1

做自己哪有这么容易？

我们暂且把他称为林。和许多要为房租、生计奔波的北漂一族相比，林，其实要幸运得多。

18 岁，考上北京某著名高校，他想学历史，父亲说："历史系不好找工作，你学计算机吧！"

父亲是说一不二的个性，他从小很少见父亲笑过，更不敢违抗，顺从地把写好的志愿从"历史系"改成了"计算机系"。

22岁，大学毕业，学了四年计算机的他，早已不再执着于历史，一心想着找个不枉本专业的工作，如果能进外企更好，工资高，那种高效率的工作节奏他也喜欢。

不料父亲一早托人帮他找了国企的工作，工作稳定，有户口。只是工作跟专业无半点关系，日子在喝茶看报和伺候好领导之间打发。

干了两个月，他跟父亲说："我想去外企工作，不想丢掉专业。"

父亲一句："你知道为了你这工作，我花了多少功夫，托了多少人，你现在突然辞职，让我老脸往哪儿搁？再说，外企多不稳定，今天有明天没的，那就是打工，哪叫工作。"

父亲这话一说，他连违抗的力量都没了，乖乖上班，再无半点奢念。

26岁，大学同班同学辞职创业，知道他在大学专业不错，便问他愿不愿意合伙。

一颗心终于再次蠢蠢欲动起来，跟当时的女朋友商量，女朋友坚决反对，说："创业的成功率只有万分之三，你哪有那么幸运，到时候，没了铁饭碗，看你怎么办？"

他想想也对，那么多人创业，有几个真正成功的，自己还是踏踏实实上班吧，于是，第二天婉拒了同学的邀约，继续生存在既定的轨道上。

如今，他30岁，娶妻生子，两家凑钱付了首付，买了房子。

有了房贷的压力和不可摆脱的养家的责任，想要改变，更是难上加难。

说完，林在信尾加了一句："你看，我不想辞职写小说，不想开画展，也不想环球旅游，就想学自己喜欢的专业，做喜欢的工作，过喜欢的生活，都这么难，做自己哪有那么容易？"

2

你为自己争取过吗？

是啊，林的故事并不复杂，几乎演绎了一个"我是怎样过上自己不喜欢的生活"的标准范本。

他想要"做自己"的道路，似乎荆棘重重，有父亲的阻挠，女朋友的反对，还有生存的压力。

可是，你有没有注意到，在一片反对声中，他几乎没有为自己争取过一次，也没有为想要的专业和工作做过任何准备。

好在，如今的日子，生存尚可，日子也说得过去。

只是，与内心期许的远方，相差十万八千里。

没有谁的生活是在一片赞许声中度过的，不会无论何时，你有任何想法，想要什么，做什么，都有一片喝彩与支持的掌声等待。

你期待的万事俱备，可能永远都不会发生。

简单心理创始人简里里为了创业，和父母斗争了六年，直到确定了想做的项目，拿到第一笔投资才潇洒地跟父母说："我现在必须做这个事情了。"于是，辞去公职，一心创业。

木心在"文革"期间，遭受牢狱之灾，尽管身陷囹圄，依然不忘创作，在牢狱里写诗、写散文、写对文学、美学、哲学的感悟和思考，写在香烟包装纸的背面，也写在从交代材料的纸里私藏下来的白纸上，一共65万字，藏在棉袄夹层里。

我所认识的喜欢写作的小伙伴，也没有几个真正辞职在家专心写作，都是一面为了维持生活，做着朝九晚五的工作，一面笔耕不辍地写作。

当红作家"一直特立独行的猫"从23岁起每天下班写1500字，常常写到半夜两三点，坚持了七年，出了三本书。

你抱怨没有过上想过的生活，成为喜欢的人，可是，回头望去，你又何曾真的迈开脚步，走向它。

不过是梦想过远方，抱怨过当下。

有人对马云说："我佩服你能熬过那么多艰难的日子，然后才有今天这样的辉煌。你真不容易！"

马云说："熬那些很苦的日子一点都不难，因为我知道它会变好。我更佩服的是你：明知道日子一成不变，还坚持几十年照常过。换成我，早疯了！"

想法不同，道路不同，结果也就不同。

3

那就迈出第一步吧！

咨询中，常有来访者问我："老师，我想换工作，但不知道自己行业积累够不够，出去能找到什么样的工作？"

我说："也许你可以找这个行业的人聊一聊，或者，做个简历放到网上，看有没有人来找你？行不行，能不能，一试便知。"

也有来访者说："老师，我不喜欢现在的专业，想转去法学院，但又害怕自己课程跟不上，或者，真正转过去了，才发现，自己其实也不喜欢法学。"

我说："也许，你可以先去法学院试着听听课，跟同学聊一聊再做决定。"

不管怎样，有想要的未来，总得迈出第一步。

你可以抱怨父母、抱怨妻子、抱怨生活的重压，可这终究是在给自己的没有勇气找一个可以栖息的借口。

木心谈到在美国的生活：

来美国 11 年半，我眼睁睁看了人跌下去——就是不肯牺牲世俗的尊荣心和生活的实力心。既虚荣入骨，又实利成癖，算盘打得太精，高雅低俗两不误，艺术人生双丰收。生活没有这么便宜。

　　我想说，你不能一边贪图着生活的安稳，不肯迈出一步，一边抱怨着如今的生活，不是想要的模样。

　　两者都想要，却又独独缺了闯荡的勇气，生活没有这么便宜的。即便老天真心想帮你，也无从下手。

　　高晓松告诉你：生活不只有眼前的苟且，还有诗和远方。

　　可你总该知道：想要的远方，不会自己到你面前，你得迈开腿，一步一步走，才能抵达。

你的视界，
不是世界

把自己当作万物的尺度，将自己的眼界当作全世界，是最大的狭隘。

你的视界，不是世界

1

炎炎盛夏，公交车迟迟不来。那片地方人烟稀少，和我一同等车的，是一个小孩子和她的奶奶。

我无事可做，听着他们的对话。小孩子大约十几岁，说话呛人，好几次对奶奶出言不逊，觉得自己是读过书的，而奶奶没文化，语气里满是轻蔑。

奶奶多念叨了几句，她便不耐烦地大声吼道："你烦死了！"

大约过了十多分钟，还是不见公交车的踪影，祖孙俩开始研究公交线路图。上一站的名字里有个"冶"字，小孙女不认识，说这个字念"治"。奶奶告诉她，是"冶"，冶金的"冶"。小孙女气急败坏，坚称没有"冶"这个字，她抬高嗓门，气势汹汹地压住奶奶的声音："是'治'！大禹治水的'治'！"

这件小事，对认识"冶"字的人来说或许好笑。但其实，我们中不少人都像那个小女孩，明明无知却觉得自己无所不知，把自己的眼界当作全世界。

2

生活中，常常有这样的人：做了几份工作不算如意，就觉得这世上所有老板都是傻子；谈了几次对象都遇见了渣男，就认为这世上没一个好男人；在困难的时候被人坑了几次，就觉得这世上人心险恶……

我们很容易以为，自己看到的就是对的，自己以为对的就一定是对的。

我昨天遇到一个会算卦的姑娘，让我大开眼界。我以前一直认为算命就是迷信，但不得不承认，她算得真的准，也不得不承认，很多人都相信这些。

我的一个直男朋友跟我说，在遇到他的 gay 同事前，他一直不相信这世上真的有 gay。他以前以为，所谓 gay 都是故意哗众取宠，讨女孩子们喜欢的。如今，他才意识到自己的狭隘。

人非圣贤，难免被自己的思路局限，就连名家也不例外。

譬如哲学家叔本华就对女性怀有偏见，认为女性缺乏理性和智慧，"关于诚实、正直、正义感等德行比男人差"。他自己是个悲观主义者，于是断言"乐观主义就是生存意志毫无根据的自我赞扬"。

池莉在《熬至滴水成珠》里写道：我们太容易把自己当作正确本身，当作正派本身，当作美德乃至真理本身。

3

前段时间《欢乐颂》大热，我一个主攻时间管理的朋友写了一篇《我为什么不看＜欢乐颂＞？》。从时间管理的角度来分析，与其把每天几个小时的宝贵下班时间，花费在看剧这种没有长远回报的事情上，不如把更多时间投入到提高自己上。

我和那位朋友看法非常相似，我很珍视自己的时间，也倾向于将大部分时间花在自我投资上。在生活里，我很少玩游戏、看剧、唱 K 等等。

看到这篇文章后，我觉得简直说出了我的心声，立即转发到朋友圈。

有其他朋友看到了这篇文章，在评论区提出了异议：下班时间，我就是爱看个剧娱乐一下，有什么错吗？

我意识到，不是其他所有人必须和你持有同样的看法。

池莉还写道：我不看电视，可我不能否定电视，因我的父母就看。我受不了商家大放流行歌曲，可许多顾客就是被这"热闹"吸引过来的。我厌恶打麻将，我的亲朋好友大多喜欢麻将。

每个人都有权利持有自己的观点，我们没有资格轻易否定别人的看法。

所谓的成熟，是兼容并蓄，是开放多元，而非偏激地否定一切与你相左的意见。你可以有自己的评价体系，但千万不要认为其他

你的视界，不是世界

所有人得和你三观一致。

　　把自己当作万物的尺度，将自己的眼界当作全世界，是最大的狭隘。

关掉朋友圈，滚去赚钱

周末刚从上海回来，因为太过惜命，穿了最厚的羽绒服和 Bling Bling 的 UGG 去的，结果一下火车就蒙了。

满街小姑娘们，没有一个穿羽绒服的，全是当季流行大衣啊，飞行员夹克啊，棒球衫啊什么的，经典红色驼色，性冷淡风的黑白灰，耀眼的黄蓝绿……

天呐，好像全中国我最热我最丑，只能靠我的 Bling Bling 撑场面了，可我觉得我踩了两只羊在脚底，又热又扎眼，一点都不美。

来到闺蜜家，我说风太大了，脸吹掉皮了。闺蜜拉开自己抽屉：晚上给你敷面膜，然后来一点这个面霜，明天让你美丽如初。虽然不想广告植入，可——是那个最贵的护肤品面霜没错！一个月的工资买完就要去吃土！

跑到外面吃饭，闺蜜介绍两位朋友给我认识，人美肤白身材妖，热情大方聊得好。看着人家的纤纤玉手夹起一道道美食送进自己的樱桃小口，好想到室外广场大呼：苍天啊，我丑就算了，不要一直对比好吗？请让我孤单地丑到老！

临睡前，敷完面膜，涂完眼霜，回味着这一路遇见的美好少女，

你的视界，不是世界

我们俩进行了很必要的推心置腹的探讨。

"你不仅瞒着我发财，你还瞒着我变美！"

"没有啦，走时你拿走，都送你。"

"真的吗，那我拿走了你怎么办？"

"哈哈，不要紧啊，反正我再买还买得起。"

其实前段时间我已经在变美的路上前进了一阵子，每天早起跑步半小时，晚上散步快走五公里，当然一早一晚都没有忘记必要的拉伸动作，还很注意晚上的清淡饮食，体重呈直线下降趋势。肚子越来越小了，基本告别公交车被让座的窘迫；小腿越来越纤细，为了抵御严寒还穿上了秋裤却不紧绷；脸蛋肥肉少了点，大贵的面膜也不会出现贴不到下巴的尴尬。

身边人看到了变化说啥的都有。

妈妈说："你坚持下来还愁找对象吗？来求婚的女婿能把门槛挤坏。"

好朋友说："对！不要再吃了，又胖又丑都不想跟你做朋友，瘦了还有希望。"

同事说："真的瘦了哎，最近工资都攒下了吧，请我吃饭庆祝啊。"

还有的说："天呐，亲爱的，你不要再瘦了，瘦太快会生病的。"

所以，坚持运动好吗？不要辜负前期运动已经去除的肥肉，不要无视为了跑步置办的各种装备，不要拒绝美丽的你姗姗来迟的华丽登场。

哪怕只是跑步、游泳、跳绳、打球，先把你的肥肉减下去，再去快乐地塑形，全世界都为你让路。

我公司有一个看起来超级瘦的小姑娘，看到她踩着十厘米的高跟鞋走路，好担心她把自己腰扭断，全身看着还不如之前的我一根大腿沉。但是有一天小姑娘穿着一条火红的超短裙往沙发上一坐，翘起妖艳的二郎腿，我看到的不是血脉贲张的欲望，却是她大腿上松松垮垮缺乏塑形锻炼的一大摊肥肉。从此，再无羡慕，只有苦口婆心的奉劝。

再说回贵妇级面霜，有用吗？摸着自己从爆皮到瞬间镇静的肌肤，有用，有用到想立马飞到美帝大采购。无奈摸摸荷包，一声叹息徒增一条皱纹。

我和好朋友分开生活还没有林丹出轨时间长，如今人家买买买，我还在馋馋馋。

人家一件件当季流行服饰往家搬，我却穿着及踝的厚重羽绒服热着丑三天。

朋友自小就是个爱学习的孩子，爱到过年那天还在刷题准备考试。

一路读到名校硕士，毕业后在读博和进外企之间选择了外企。

我羡慕她有任意选择的底气，却忘了人家一边在面试时用完美的中英文口才击中所有面试官，另一边，就连写学术论文也是写得洋洋洒洒，打字的速度往往给自己飞速运转的大脑构思拖后腿。

她毕业之后，可以底气十足地对父母说：花，十几万我几个月拼命努力就有了，不要因为钱跟人生气。

她加班到深夜毫无怨言，出差培训学习也鸡血满满，她说：我一定得让自己成长的速度超过房价增长的速度，才能早点买上房子接爸妈过来同住。

和她重逢三天，我一天比一天更明白那句话：会花钱的女生千千万万，却不是每一个会赚钱。

是啊，别人在拼考研考博的时候，你在谈情说爱；别人在钻研毕业论文的时候，你在淘宝跟人旺旺杀价；别人在努力工作发挥特长的时候，你在干了心灵鸡汤一碗又一碗。

所以，别人和势均力敌的爱人环游世界的时候，你在边为渣男出轨失恋哭泣边煮泡面；别人在口若悬河字字珠玑探讨当前经济形势的时候，你在娱乐八卦里不相信爱情；别人在护肤品专柜前说着这个这个不要其余包起来的时候，你在为双十一购物车余额不足放弃付款而哀叹人生不公。

哪有那么多的五百万大奖砸到脑袋，哪有那么多国民老公爱上灰姑娘。只有不断地努力攀登，把自己送到人生一个又一个巅峰，才能懂得我大好河山、日出东方、爱我中华、大丈夫何患无妻。抒情点说就是：你若盛开，清风自来。只有成为"一身诗意千寻瀑，万古人间四月天"的林徽因，才能遇到你帮我选专业我伴你一生的灵魂伴侣梁思成。

你以为魔鬼身材是死后才会有的吗？只要不运动，魔鬼拥有很多身材。

你以为有人生下来就会作诗吗？腹有诗书气自华，就是豪门望族不学习也会变土鳖。

与其等着别人给你银行卡，帮你清空购物车，还不如就在这一秒，关掉朋友圈，滚去赚钱。

好了，心灵鸡汤喝完了，可以放下你的手机去运动，去读书，去吃书本，去走近变美的你了。

你的视界，不是世界

你离成功，只差一步

1

之前在校媒做记者，负责重大新闻人物的采写。有一次，中国一位殿堂级的 80 年代诗人 X 来学校讲座，我和一个低年级的新干事 S 被分配到这个活动的新闻采访任务，领导要求我们在活动结束后，在 X 仅有的十分钟缓冲时间完成这次专访，并撰写出一篇高质量的新闻采访稿发布在当晚的学校官网和翌日的当地晨报上。

得知自己要负责这项活动时，我既激动又紧张，激动是我即将与几代人心中的精神偶像面对面交流，紧张是学校专门为校媒的采访开辟了快捷通道，而我不知道自己是否对得起学校这样的期待。S 是今年刚来的新干事，这次活动是她接手的第一个任务，第一次就要面临这么大的挑战，换作是我可能不会那么爽快地答应下来。

为了更好地利用这得之不易的十分钟，我和 S 两个人在活动开始那天前足足准备了一个星期，查关于 X 的资料，阅读她的作品，搜看她之前的访谈，结合她的性格和学生最关注的方面罗列出上百条访谈问题，前前后后做出的采访提纲被领导毙了不下十次，就在我感觉到精疲力竭的时候，S 总会在第二天写出一份新的采访提纲给我，我惊诧她哪里来的时间和脑容量，可以不重样地想出那么多新奇的思路。她每次都回以很淳朴的表情，摇摇头说，她把图书馆书架关于 X 最后那几本我压根没打算看的书借回去重头看了一遍。她讲的时候我看着她那两个黑眼圈，一种愧疚感从心里不自觉跑了出来。

对于新的事物，我们在一开始做的时候总会倾注一百种耐心和虔诚，而我的热情似乎在这个过程中有所消磨。

2

距离活动正式开始还剩最后一天，领导终于通过了新的采访提纲，我和 S 也松了一口气。想着明天才是一场硬仗，大家都怀着难以言说的复杂心情。深夜 S 给我发了一条微信，她说她紧张到失眠。我在屏幕前仿佛一个正在慰藉年轻人的长者，一个字一个字地告诉她这不过是你人生中最普通的一天，只需要平平淡淡地度过就好，不管发生什么，起码还有我这个挡箭牌在前面呢。

S 回了我一个拥抱的表情，此刻的时间刚好三点零一刻钟。有句歌词唱得逢迎此刻心境："勇敢不代表不紧张"。其实我的心又何尝不是忐忑的呢？但在 S 面前，我必须要表现出一种镇定的感觉，因为搭档的情绪这一个小小细节，对于明天的采访也至关重要。

这难眠之夜终于过去，我们扛着长枪短炮，揣着笔记本录音笔激情澎湃地坐在现场，等待大幕拉开，就在讲座进行到高潮的时候，领导突然发了一条对于我和 S 来说是毁灭性的消息——因为 X 讲座结束就要赶飞机离开，加之现场人数过度拥挤导致讲座延迟了半个小时，我们十分钟的专访环节被迫给挤掉了。

得知消息的我和 S 坐在原地，仿佛已经感受到了那种所有努力和付出顷刻间灰飞烟灭的挫败感，在离讲座结束最后的半个小时里，我们愈发地坐立不安，想了无数 planBCDE……向领导再三申请，但都遭到了拒绝。枯燥的等待让我逐渐难以忍受，心中慢慢发酵的不满让我意欲放弃。我收起录音笔和笔记本，问 S 要不要一起走的时候，S 似乎也动摇了一下，连续几次关上又打开单反的开关，就在我已经开始安慰她："突发情况对于我们来说是家常便饭，只要我们为之努力过，就算没白费力气，起码在我们心里这些都是值得的！"

没等我说完，她抓了一下我的手，抬起眼睛，看着我，然后缓缓地说出一句话。

"学长，可不可以陪着我再试一次？"

她的眼神有些闪烁，语气也透着渴求的味道，那一刻我仿佛看见刚刚进校媒做记者时的我，也是像她那样的义无反顾，不愿意选择放弃。我最终点了头，她眼睛亮起光，把单反收好，然后和我穿过礼堂拥挤的人群，跑了出去。

"我之前打听到 X 这次行程的住处，离咱们学校就只有不到十分钟的路程，X 讲完肯定要回住处收拾行李的，我们现在赶快去，肯定有机会采访到她的！"

我没有再思忖这种方式采访成功的可能性，我只知道就算是失败，这也是最光荣的一次失败。因为，这点小小的勇气和冲劲，对于我和 S，对于这个世界上每一个年轻人来说都是值得珍惜的。

因为要经过一个拥堵的路口，我们放弃了打车的念头，就像电视上那些急速跑现场争取第一手新闻的记者一样，抬起步子就朝 X 的住处跑去。奔跑的时候，大风逆着我们而来，刮过我们的身体，没有翅膀的我们此刻却要比鸟儿更加渴望翱翔。我的脑袋里一直回放着刚才 S 问我时的眼神，我自责为什么现在的我会那么轻易就选择放弃，当初的那份热情难道就这样消失殆尽了吗？

或许这就是成长所给我带来的副作用吧，在看过更多的风景，走过更多的路之后，再度启程，再次相遇时，却丢失了最初的热忱。看着前方终点路途遥远，就想着退却离开，无论沿途是疯狂还是难忘，只想要回到那个无风无浪的原点。

我忘记了我们跑了多久，只记得当我们到达酒店的时候两个人都喘成了一条狗，我们在大厅开好仪器，静静地等候着，祈祷上天可以让幸运降临。我们坐在大厅的沙发上换了无数种姿势，看着挂在墙壁上的各国钟表一起转过了半个圆，终于在平静之中听到了脚步声，X 和同行的助理一起出现在门口，正朝着电梯口走去。

我和 S 朝着电梯口跑去，一边费力地解释着自己的身份，一边随时准备把采访的问题抛出去，但我们想得都太过简单，X 身旁的助理不断说着："今天老师她很累了，讲了好几个小时，嗓子都说不出话来了，你们赶快回去吧。"

然而电梯门关上的那一刹那，一切回音都落在了半空中。我赶忙问 S 有没有夹到手，因为电梯门关上的瞬间，我看见 S 朝电梯里递进去了一个东西。S 摇头说她没事，我正要问她究竟是什么东西的时候，电梯门竟然又突然打开了。

3

"只给你们五分钟。"

电梯里 X 的助理朝着我们说了一句，然后扶着年过半百的 X 走了出来。

我百思不得其解，刚才还严词拒绝的对方怎么会这么快改变主意，同意我们占用 X 宝贵的时间来接受采访。接下来的五分钟，我和 S 显然都来不及追究这是为什么，但我们唯一知晓的是，我们做到了。

我们把之前准备的采访提纲迅速浓缩，在这短暂的五分钟之内完成了对 X 的采访，最后在送 X 上电梯时，X 的助理忽然叫住我，把几张已经褶皱不堪的纸递给了我。

"这是刚才那个女孩丢进来的，是 X 看了才决定给了你们这五分钟。"

这不是我们之前准备的那几百道采访备选问题吗，我看看这些已经讨论过筛选过无数遍的问题，看到了最下面一行手写字——"X 老师，这是我第一次做记者，我为这次采访足足准备了一周，恳请你成全我，哪怕一分钟也可以。"

是 S 的字体，我仿佛在这行字里又看见了她那双热切的眼，透出花火。

S 走过来，猝不及防地，她给了我一个大拥抱，然后不断地朝我说谢谢。

"要说感谢的是我吧，如果不是你，我可能永远无法体会到这种成功的快乐。"

我拍了拍 S 的肩膀，紧接着出门找了一家咖啡馆，继续开工赶在凌晨把当晚的新闻稿写出来。

4

后来那篇新闻稿被评为了那个季度校媒最受欢迎的新闻，领导发了几百块大洋作为奖金，我和 S 又去了那家咖啡馆。我们点了这里最贵的咖啡，一直聊到深夜。最终，我把那几张皱皱巴巴的纸偷偷塞进了她的书包里。

因为，我在那几行字后面，留了一句，"谢谢你，在我想要后退那一步的时候拉住了我。"

再后来，每当回想起在校媒做记者的日子，这段经历都会首先浮现在我脑海里。

它就像一条长路绵延在我的生命之中，是它教会了我，每当想要选择放弃的时候，就再坚持一把，因为此刻的我距离成功的终点或许还有着未知的漫长，可能是 99 步，999 步，9999 步……

然而一旦我选择了放弃、回头，那么我离失败和原点就仅剩下了那最轻松的一步之差。

你一无是处，还谈什么人脉

罗同学的两个校友，是这个问题的最佳答案。

一个是"交际花"，一个是"书呆子"。

"交际花"是整个学校的万事通，热衷于参加学校的各级学生会和各种社团，全校的八卦他都知道，哪个系的美女和帅哥他都认识，去小卖部买个东西，一路上遇到的不是他的姐们儿就是他的哥们儿。

"书呆子"是每个班上都会有的那种戴着黑框眼镜、穿着浑浊的格子衬衫、很少说话、极其枯燥的那种人。他基本上只来往于教室和实验室，在班上存在感为零。大学快毕业的时候，大家都还叫不出他的全名。

毕业之后，"交际花"去一家特别牛的媒体当记者，简直老少通吃、风光无限啊。他跑了好几条线，医疗、教育、餐饮……他什么都跑过，因为特别会来事儿，跟谁都熟络。他厉害到什么程度？从各大医院的院长，到修摩托的小弟，感觉全城有一半儿的人他都认识。

在医疗资源紧张，挂号都挂不到的情况下，他还可以选最牛的专家和最好的病房。在入学极难的情况下，他家小孩儿上小学还能在全市两大名校中选伙食更好的那个。在排队等位动辄要等两三个小时的热门餐馆，他一个电话，老板就腾出一个包房来了。跟他在一起，不管去哪儿都是享受 VIP 待遇的。

"书呆子"大学毕业之后，继续留校读研究生、读博士、读博士后，继续没有存在感。他可能对代码比对人类还熟。毕业好几年，大家搞同学会，每次都忘了叫他。网上建的同学群，也忘了把他拉进来。我本来还想再说点儿关于他的事儿，想了想，好像没了。

前年开始，"交际花"所在的媒体有点儿走下坡路了，他想趁着这么多年积攒的这么多人脉，把资源整合整合，干点儿什么不能成功啊？！于是，他辞职出来创业了。一开始他的人脉还是有点儿用的，给他带来了一些内部信息。

过了一段时间，他就发现有点儿不对了，之前的人脉不太好使了，比如说他想请投资商吃饭，给餐馆老板打电话，对方说不好意思，没有包房了。因为创业压力太大了，他长期失眠睡不着，头痛得太厉害，他想去医院看个神经科，给院长打电话，院长已经不接电话了。

差别最大的还是中秋节，以前还在媒体的时候，中秋节能收到几十盒月饼，都是各个机构送的，而创业这一年的中秋节，他只收到两盒，都是消息滞后的机构送的，他们还不知道他已经离职了。在看到那两盒月饼的那一刻，他明白了一件事儿，他之前所有的人脉不是因为他本人，而是因为他背后所在的强势媒体。

　　"书呆子"读博士后的时候，因为做一个项目，被合作方的主管看中了，邀他一起出来创业，并对他承诺，他什么都不用管，只用专注于技术就行。"书呆子"想着这样也好，更省事儿了，继续埋头在实验室。不知道他怎么瞎折腾，折腾出一个超牛的专利技术来。

　　他们公司就靠这一项专利技术，成了风投界眼里的抢手货。去年，他们公司 A 轮估值就已经五个亿了，据说他占了 60% 以上的股份。

　　这个时候，所有人都知道他发达了的消息。多年失联的小伙伴们纷纷上线了。他的微信每天都有几十个人要加他，都是自称"很多年前就看好他，一直默默关注着他，认为他一定会成就一番大事业"的人。

　　当他站到了这个位置的时候，他会被邀请出席各种活动，主动来跟他攀谈的，都是平常在电视里经济新闻和娱乐新闻才会出现的名人。

　　去年底，"书呆子"的妈妈需要做心脏手术，本来想送到美国，但是他妈怕坐飞机，得在国内医院做，但是国内心脏科最好的医院已经排不到号了，他也有点儿急了。不知道这个风声是怎么走漏的，几天之内，他接到各种电话，都是抢着要给他帮忙的。有个大咖直接帮他约了国内最权威的医生，速度好快。

"书呆子"被他曾经的大学同学们称为传奇。尤其是他们发现，"书呆子"的微博总共只发了十几条，但关注他的全是好几个领域的大咖。"交际花"对"书呆子"的人脉格外不忿，尤其让他不爽的是，他每次好不容易接到一个语气特别急切特别谄媚的电话，一般都是说："听说你是 ×××（'书呆子'的本名）的同学，能给我他的电话吗？"

他们两个的故事，说明了两个问题。

第一，什么叫人脉？就这个问题，我专门采访了北大一位教授，他说，人脉就是一种"价值交换"，建立在双方都有利用价值的基础上的。

人脉和朋友不一样，朋友之间更多的是情感交流，不是建立在利益的基础上的。

"交际花"以前的利用价值是建立在他背后的平台之上的，他所谓的人脉，想利用的是这个平台，而不是他。等到他一旦离开这个平台，他的利用价值瞬间就被消解了，他成了 nothing（无关紧要的人）。

说白了，人脉也是要门当户对的。

第二，要先有实力才有人脉。有人说得特别好，说人脉是成功以后的结果，而不是你通往成功的途径。

当你强大到一定程度的时候，你就可以吸引到同等强大的人脉资源。就像"书呆子"，他从来没有花过一分钟去刻意结交某个人，维系某段关系，然而当他牛了，不同领域的人脉都自然会向他靠拢。反观"交际花"，因为他把所有的时间都花在了社交上，他在专业领域没有任何长进，他先后创业两次都没有成功，因为都出现了大方向上的判断失误。哪怕他花了一部分时间在修炼他的业务技能上，他都可以保住一部分人脉。

　　很多大学生的困惑是到底应该把时间花在提升自己还是积累人脉上，我想说的是，还是先提升自己的实力，把自己变得更强大。与其你去寻找和笼络人脉，不如你变成别人都想结交的人脉。

　　当你一无是处的时候，你以为你跟某个名人拍了个照片，跟某个行业大牛握了次手，他们就是你的人脉了吗？在他们眼里，你就是个小透明。不是他们势利，而是他们跟普通人一样，只能看到跟自己同等高度的人，以及仰望站得更高的人。

　　普通人想和马云做好朋友很难，想和赵薇做好朋友也很难，但是马云和赵薇却可以成为好朋友，因为他们是对等的。

　　有句话很伤感，但不得不承认它是对的："那些特别急切想结识别人的人，往往就是别人最不想认识的人。"

你真的只是没有努力吗

正在国内热映的日本片《垫底辣妹》是那种看片名极容易被筛掉的电影，就像第一眼看到《踏血寻梅》时自动跳过一样。所以，这部根据自传体小说改编，讲述不良少女沙耶加考上理想大学的励志片是我在三番四次不同场合看到它，才去找来看的片子。

或许是电影早在去年已经在日本上映，很多人都看过了，又或者是人人都有少女时代，但并非人人都有片中的励志少女那般"垫底"以及咸鱼翻身的经历。不论出于何种缘由，影片在国内没有预期那般热烈，上映前我以为它又会是一部刷屏的现象级电影。

不过，这倒是有趣的对照，正如我的"我以为"没有发生一样，影片的宣传口号"世界上最大的谎言是你不行"也并不尽然，因为世界上最大的谎言不是你不行，而是你以为行。

所谓成长，其实就是一个生命中的"你以为"不断崩塌的过程。这大概是世界上最残酷的真相了。影片里隐藏着所有残酷真相，只是它被更激动人心的鸡汤包裹着，感动到泪目的我们选择性忽略而已。

1

你以为可以一直赖在父亲的背上不长大，父亲却无法给你自始至终的关注。

这种"给不了"有可能是像电影中那样，因为有了弟弟的出现，他更具有完成父亲梦想的可能性。而现实生活中存在更多"给不了"的原因，你的叛逆期、父亲的衰老、疾病以及死亡等这些不可抗力，它们早晚会将你与父亲的背撕扯开来。

我一直是个方向盲，初中每次回家还忘路，搭错车从来不问人，而是直接打电话给父亲。这样的状态在某一次听到父亲与他人的谈话才终止，父亲对人说有个一直长不大的女儿太累。

有时候，你可以任性地拒绝长大，但不可能永远不学着去成长。

2

你以为父母在一起是因为爱，后来才知道更多的是无奈。

既然不再相爱，为何我的父母还要在一起？我不知道是否有人和我一样存在这样的人生困惑。或许很多人会给我讲一些通行于世的大道理，爱情化为亲情，为了孩子或是对现实妥协之类的。

这些道理我早在 13 岁开始便拒绝接受了。我总是冷静地告诉他们，离开彼此吧，不要因为我们耗费自己的生命。当然，他们至今没有分开，像世界上大多数不幸的夫妻一样。

3

你以为实现父母的理想，他们就没有遗憾了，到头来遗憾的只会是自己。将来你的遗憾又会变成自己子女的理想，如此循环。

像电影中的弟弟以及补习班的不良少年森玲司一样，很多人生下来就会有一个梦想，那就是他们的父母年轻时候未完成的梦想。那些年父母没能上的大学，没能选择的理想职业，以及没过上的幸福人生，统统都是他们这些年的人生目标。

如果你是个天生没什么想法的年轻人，按照父辈们的规划过活或许没什么不好，省事又省力。如果相反的话，你的人生就没那么容易了。除了要承担追寻自我理想的风险，你还得承受违背父辈理想的愧疚。

如果你用自己的遗憾人生成全父母的人生遗憾，那么请记住，千万不要让你的子女重蹈覆辙。

4

你以为老师是教书育人的伟大职业，学校是一视同仁的象牙塔。

你不得不承认一个事实，那就是当年那些坐在教室后排的同学一般更能适应社会。因为他们早早地体会了阶层高下与人情冷暖、世态炎凉。

你不行，你是垃圾，你是人间败类。我无法想象我的那些后排同学们是如何挺过那漫长的青春期的，在那个世界观人生观价值观刚刚开始建立的人生阶段，一直被否定被抛弃会对他们造成怎样的影响？

都说学校是象牙塔，是人生中唯一的永无岛，真的是这样吗？至少在我的青春时光里不是如此，即便我是那种被当着全班同学念作文的人，也吃过数学老师的粉笔头，被其骂蠢猪。

我想，即使到我死去，我也不会忘记。

5

你以为数学差多做题就可以，政治历史差多背书就行。其实啊，这个世界上有些东西，真的是永远都学不会的。

尽管电影里的沙耶加用一年时间提高了 40 偏差值，英语历史从零到满分的故事实在感人。但对于某些人来说，真的不是只要不睡觉就能看懂微积分、学好英语语法的。

而片中所谓在小论文中表达自己的想法，在我国的考试机制下恐怕也是死路一条。政治、历史都是有标准答案的啊，老师改卷是论秒和扫关键词的啊。

6

你以为上了大学就不一样了，离开了就不一样了。

就像当初你以为选文科的人都是热爱文史的志同道合者，进去了你会发现自己想多了，就是一群跟你一样数学差的。

我一直觉得很神奇，"大学"在人的一生中扮演着非常魔力的角色，它就像一个脾性不怎么样但颜值超高的前任。还没上时，你对他充满一脑子幻想；等你上了，你发现对方远不如幻想中完美；分开后，你又还时不时砸抹着嘴回味对方的音容笑貌。连带那些不完美都变得朦胧，因为现实太凛冽了。

于是，在毕业后每个搭乘拥挤地铁的黄昏，我常常感到恍惚，分不清这些年到底是我上了大学，还是大学上了我。

7

你以为别人相信你行，其实他也是个赌徒。

这大概是片子里最大的谎言了。补习班的老师坪田先生简直是天使，他相信每个差生都有无限可能，他用立着的鸡蛋告诉沙耶加，事先知道一件事有可能是很重要的。不要轻易定义自己，也不要去相信别人定义的你。而事实上，他也不过是一个有着美好品德但只有庸碌人生的补习班老师，他对沙耶加的相信，也不过是孤注一掷。

更残酷的现实是，大多数人不会成为像沙耶加一样的奇迹，而是像森玲司一样遭遇失败。

世界上最大的谎言不是你不行，而是你一直误以为自己行，然后不去做。

　　就像在一群出色的人中间，常常误以为自己也是其中一员，然后忘了努力。我知道自己也可以，只是我暂时不想去做而已。

　　其实，是你不敢。

　　自己拼尽全力后发现，这个世界上"有些事不是光努力就够"的无力感，似乎比他人眼中的"你不行"来得更残酷吧。

　　事先知道有可能很重要，然而"有可能"最终被证明是"没有可能"，很绝望。这大概就是为什么很多人只在朋友圈感叹诗和远方，却不真正远行。因为你会发现，即使到了远方，你也有可能只是在苟且。只不过是换个地方苟且而已。

你的视界，不是世界

所谓慢生活，并不是无所事事

1

阿姨有个女儿，今年 26 岁，大学毕业后就在北京工作，但三年里至少换了五家公司。

她每次辞职之前，都会约我出来倒一倒苦水，说她在公司如何不被重视、被老板压榨、被同事穿小鞋、公司离家太远而考勤太严……最开始我还支持她换工作，直到她要换第五家公司时，我才突然意识到：谁在公司没有经历过被剥削、被排挤、被轻视的阶段？每天早出晚归，准时出勤完成工作，这难道不是每个人生活的常态吗？总之，这一切并没有什么好抱怨的。

终于，在听到她因为觉得同事俗气、心眼多、合不来而第五次辞职时，我说："任何人去任何公司上班，都是为了挣钱生活、积累经验，而不是为了去交朋友。同事只是为了完成公司任务而被商业契约绑在一起的陌生人，只要他做好他的，你做好你的，大家能共同完成工作就好。所以，我觉得你因为这个辞职挺不理智的，要不要再考虑一下？"

结果，小姑娘对我说："不考虑了，上班太没劲。我其实想过的是慢生活——去腾冲开个小咖啡馆，简简单单，也挺美好的。"

那次见面之后，小姑娘真的离开北京去了腾冲。看她的朋友圈，果然在当地盘了个咖啡馆，有几次，我看了也的确很羡慕。

再联系是前不久，小姑娘打电话给我，支支吾吾要借钱，说生意进入了淡季，没什么客源，但日常开销还是要付的。她不愿意再打电话向家里要，因为她妈只会唠叨让她赶紧回老家找份正经工作，根本不理解她。

我沉吟了一下，给她转了一些钱。挂电话前，我对她说："别怪我帮你妈说话。如果你的咖啡馆一直是靠花家里的钱运转，那你过的就不是慢生活，是啃老的生活。"

2

我今年决定辞去工作，专心在家写书的时候，好多熟人对我说：真羡慕你，自由职业，想睡就睡，想写就写，真正的慢生活。我敢慢吗？真的不敢。

如果我能按时按质完成当天的计划，那么，我的确可以把剩下来的时间自由安排。但，若是因为犯懒、松懈等，拖延了工作，我就得有那么几天不能好好睡觉、没日没夜赶工。

作家村上春树从 20 多岁出版了第一本小说后，至今 30 多年，每年不间断写作、出版，他把自己的每一天规划得井井有条：清晨出门跑步，然后写作直至中午，下午学习，晚上社交。很多人羡慕他整洁、温馨的书房，有唱片、有吧台、有各种小玩具。如果你能像他一样，每天坚持写作四小时以上并长达 30 年不间断，你也值得拥有一间这样的书房。

3

所有你看到的，那些惬意、闲适、无拘无束、不受金钱困扰的慢生活，其实都是人生给予自律的奖赏，是生活中某一个甜美的瞬间，却并不是全部与日常。做完了便可以停下来，把剩余时间浪费在一切美好无用的事物上。

慢生活，是有底气的自给自足，而不是好吃懒做的得过且过。

无所事事、碌碌无为，并不是慢生活，是消极地活着。当你一厢情愿地慢下来，什么也不做，又渐渐感觉被边缘化、毫无存在感，长期以最低标准活着的时候，请不要迁怒于任何人，也不要伸手向别人要钱。

选择任何道路，都要为自己负责。

所有的都是借口，你只是太懒了

你穷，只是因为你不够努力。不要给自己找好逸恶劳的借口，只要你愿意开始行动，一切都会慢慢变好，任何时候都为时不晚。

1

这个社会，不存在怀才不遇。

阿珍和小梅是无话不谈的好朋友，这天阿珍喜滋滋地告诉小梅："我老公升职了。"

小梅很为朋友高兴："恭喜恭喜！真是厉害，又升了！"同时又有些黯然，"不像我们家那位，整天说同事这个不行那个不好，这么些年也没看他比别人好多少，还在原来那个职位。"

阿珍说："人各有志嘛，你家小张有很多自己的想法，只是没有碰到合适的机会。不像我老公，只会埋头把自己接到的工作做好。"

听了阿珍的安慰，小梅也开心不起来。因为她知道，自己的老公有点眼高手低，总觉得比别人有才，不屑于自己现在的工作，觉得屈才了，工作的时候总是耍小聪明，不踏实，所以一直停留在原地，没有被提升。而阿珍的老公，看上去憨憨的，做起事来很认真，踏实勤恳，才有了蒸蒸日上的今天。

其实，很多时候，你自以为是的怀才不遇，只是实力不够罢了。

社交圈子的狭小、阅历的浅薄，让你坐井观天，不知道这个世界的卧虎藏龙，不愿相信天外有天。

你没有被重用，只因为你不是千里马。或者是，比你跑得更快的千里马太多了。你会的，别人未尝不会；只是别人不瞎嚷嚷，所以你不知道。

2

其他都是借口，你只是不努力。

你的穷困潦倒，怪只怪你不够努力，自以为有才华，却总也不肯一步一个脚印地踏实做事。

退一万步说，即使你是一块金子，也得动一动身子，发点光，才能让别人看见啊。

放弃一件事情，可以找到十万个理由。人有好逸恶劳的天性，谁不想舒舒服服偷个懒，没有人天生喜欢闻鸡起舞、挑灯夜战。

但坚持做一件事，只有一个理由。那就是，我想改变现状，我想过得更好。

要改变现状，就要行动起来。虽然付出心血不一定有立竿见影的回报，但是没有耕耘，就一定没有收获，只能眼看着田园一天天荒芜，长满杂草。没有穷死的人，只有懒死的人。

懒散的日子无疑是很舒服的。在温水煮青蛙的日子里混沌度过，虚度年华久了，心也会变得越来越懒。没有了改变现状的强烈愿望，没有了对于人生荒废的紧迫感，久而久之，懒散就会变成一种常态，完全把"努力"二字抛到九霄云外了。

趁着还能挣扎，赶快从舒服日子的温水里跳出来吧。

3

你要来，全世界都会为你让路。

飞速发展的社会，满大街都是艰难险阻，同时，满大街都是机遇。此路不通，还有另一条路，条条大路都可以通往幸福的罗马。

生活不会辜负一个不停努力的人。碰壁了，站起来拍拍衣服上的尘土，转个弯，吹着口哨继续前进。

凡事都会有波折，如果每件事情都一路畅通，人生岂不是太无趣了？我们要相信，经历过山重水复之后，终会遇到柳暗花明。

有阻碍又怎样呢？千山万水，挡住的是不来的人。你要来，千军万马都挡不住。

你的视界，不是世界

我们的人生，并没有关键

某天去洗手间时，看到两个女生在门口聊天，其中一个女孩脸上全是泪水，对方安慰她说："无论你做哪种选择，都会有失有得，更何况，这两条路你都没有走过，你怎么知道哪条就一定更好呢？"女孩儿依旧哭哭啼啼："这两条路简直就是一个天上，一个地下，是两种完全不同的人生。就算再多花费几年的工夫，我也要做自己喜欢的事。"对方继续反驳她："既然你已经想得这么清楚，为什么还要犹豫？""我就是担心再努力几年，依旧实现不了。"

听到这里，我大概知道这个女孩哭泣的原因。其实，这几乎是每个人都会面临的两难选择：是选择那条摆在眼前的道路，还是选择自己热爱的路。

一般遇到这种问题的人，会有两种思维定式：一是人生道路有难易之别，容易得到的不值得珍惜，不会带来多大的机遇，付出很大努力得到的才是最珍贵的；二是人生是有关键点，一定要谨慎，一旦选错，背后就是万丈深渊。但事实果真如此吗？

汪小姐现在是知名的花艺师。偶然一次聊天时，她笑着问我："你猜猜我是什么时候开始做花艺的？""按照你这热爱程度，应该是从小时候就开始吧？"她大笑了好久说："哪有，我是结婚之后才开始做的。有一天，我看到一本时尚杂志上有一篇关于花艺师的报道，我很着迷，于是就开始尝试着做，然后一发不可收。"

我惊呼："你的这个决定也太随便了。那时你已经结婚，马上30岁了，还这么任性，真的好吗？"她反问我："什么样的决定才不随便？把自己折磨得死去活来，泡在犹豫和纠结的罐子里，直到泡得自己发霉，才算是不随便？再说了，30岁时还能任性做决定，不是很正常吗？你给自己定的规矩可真多。"

这次聊天直接戳中了我的内心。我的确是一个给自己设置很多规定的人，而这些规定全部来自外界。在我的意识中，能对人生做出改变的节点就那么几个：你考上了什么样的大学，你找了什么样的工作，你和一个什么样的人结了婚，而日常生活的每一天，都是为这些关键点积攒能量。于是，考上了一所普通大学，就要考上一所名牌大学的研究生；有好多份工作摆在面前，一定要深思熟虑，选择一个难度系数最高的；不轻易谈恋爱，因为不允许自己的婚姻随随便便就完成。完全是按照社会的认知定义自己——每天的生活可以漏洞百出，但在这种关键点上一丝疏忽都不允许出现。

也许你的性格中缺少什么，上天就会安排互补的人在你身边。我周围的朋友几乎都是没有什么"关键点"意识的人，他们现在的成功都是以我不重视的普通的某一天为起点的，在他们的意识里面，根本没有大学、工作和婚姻这几个关键点的划分。

坪姐拥有六七家摄影机构，可她的学历只是中专。没有学历、没有家庭背景的她从影楼的摄影助理做起，十几年之后，成了现在的她。

我有一次问她："你那时难道没有想过要去读一所大学吗？"她回答："一方面是家庭条件不允许，实在没有多余的钱拿出来供我读书；另一方面，在我的意识里面，读书并不是改变命运的唯一方法。只要足够用心，每一次的选择都可以成全自己。"

是的，真的是每一次选择都可以成全自己。等阅历一够，就会惊呼：哪条路都是一样的，根本没有好走和难走一说；也没有所谓的关键点，因为每个点都很关键。

有个姑娘给我写信，说她高考失败，去了一所普通的专科学校，没有一点学习的动力。她问我："姐姐，为什么这个社会都要看结果，而不看过程？我只是这一次没有考好而已。"我只是告诉她："先找到动力，其他的事情无关紧要。"她没有动力的深层原因就是把高考当成了人生最关键的点，认为一旦在这个点上失败，其他的成功都是徒劳。

当你的意识里面不再有"关键点"这个概念时，你会发现自己轻松很多，力量自然而然地涌现，真正的转折就会不期而遇。

学会认输，人生将会更精彩

朋友给我讲一个故事。她女儿的同学有一个特别争强好胜的奶奶，要求孙女什么都要比别的孩子优秀，连孩子在发育期说话声音有点不清楚，她也无法忍受，觉得被落在后面了。她四处领着孩子去看病，医生说一切发育正常，孩子只需要一段时间和适当的引导，她却还是急，恨不得马上就好。这种焦虑转化为她时时刻刻提醒纠正孩子的讲话，孩子越来越怕她，在她面前也越来越口齿不清。

讲完这个故事，我俩都感叹，有了这样一个奶奶，这孩子会有一个特别艰难的人生起点。

很多争强好胜的家长，都会教育出内心拧巴的孩子。因为在这种家长的推动和逼迫下，孩子或许会取得世俗认可的成功，但只许前进不许失败的教育策略，会在孩子心目中刻下"我只有更好，才会有人爱我"的烙印。这样长大的孩子会习惯将"真正的自己"和"更好的自己"混淆在一起，在只有自己做到更好的时候，才会接纳自己。一旦自己做不到更好，失掉了过去保持的优势，就会彷徨无依，迷失方向。

有个女孩向我求助，关于如何调教男友的低情商，但说来说去，说到了她的性格问题，我觉得其实这才是问题的关键。她说："从小到大目标一直很明确，而赢习惯了，就很怕输，也很讨厌输的感觉。"正是特别在乎输赢，一旦得失发生了起伏，影响到外界对自己判断的时候，她就会陷入焦虑和烦躁，产生负面情绪，进而影响两个人之间的关系，她就会"变得和平时不同，做不到一个好女友应该做的……这真的很心痛，更觉得自己不够好了"。

这的确很叫人心痛，比低情商更影响生活的，就是这种争强好胜的攀比之心。她一定要做到足够优秀，"有明确的理想，做一个完美的女友，有一个幸福的生活"，她就像一直生活在战场上，"我知道过于争强好胜不对，但就是改不了，从小争成绩、比赛、班干部，大了争绩点、系主席、能力、经验"，这背后，和那位奶奶一样，她有强烈的焦虑，赢了就是花好月圆，输了就是阴云密布。

这又是另外一种自卑和虚荣心。两者有一样的深层心理动机，都是无法接受自己，而寄希望在成功者这个平台上来获得满足。但所谓成功这件事，又是如此的脆弱和单薄，幼年的成功和成年的成功不是一回事，学校的成功和社会的成功各不相干，家庭的成功和事业的成功又是两回事。不断追求更高的目标，却只许前进不许后退，当有一天，这个成功的幻觉被打破，人生就会垮掉。

常言说好汉不提当年勇，好女不提当年俏，意思就是告诉我们，人生的辉煌和好日子，都是过去的，是会时过境迁的。可为何好汉总是爱提当年勇，好女总爱讲当年俏，就是因为人在无法正确面对失败的时候，就只能钻进过去，做一只麻木的鸵鸟。

所以在同样的挫折面前，盲目自信的人甚至比不自信的人更经不起打击。很多人一蹶不振的理由并不是因为真的一无所有，而是被剥夺了他们曾经以为注定要属于自己的，相反，如果觉得有些东西是可以失去的，倒更容易接受挫折。

我一直不是一个争强好胜的人，我也很害怕和那些争强好胜的人在一起。他们给我的感觉是杀气腾腾，对自己对别人都特别苛求。他们一味追求成功，将走在路上，这人生过程中的很多快乐都为了一个目标式的东西牺牲掉了。

从儿子小时候，我就教育他，人在一生之中，应该学会很多本事，其中很重要的一个本领就是会认输的本领。考试考了前几名是好事，考不到前几名也要能接受。成功固然好，但人生还要学会走到某一段就要停一下，失败就是最好的停顿，让你可以有机会看到人生不一样的景色。

只教给孩子取胜的办法，却没有教给孩子认输的本领，这就等于只让士兵进攻，却从不让他们撤退，这支部队一定会遭受重创。撤退也是非常重要的战略手段，有时候，必须要承认自己有些事情做不到，爱着自己的优点却不会爱自己局限的人，都不算真正地爱自己。

世间从无完美。完美一直期待着被时间打破，而一旦将完美打破，解脱和自由就会随之而来。

不服输，是挑战自我；会认输，是正确接受自我，看到世界更广博的一面而又保持谦卑之心。阿加莎·克里斯蒂说过，"从对日常生活的观察来看，我可以说，没有谦卑的地方就没有人类。"拥有了谦卑之心的人类，对成功这件事看淡一些，才能活得更踏实和快乐。

看不见道路，
但不能停止脚步

你可以没有视野，但不能
没有眼界；你可以看不见
道路，但不能停止脚步。

看不见道路，但不能停止脚步

　　她是一位漂亮而又富有才华的女孩。她15岁考上大学；19岁任教于大学；22岁考入中科院研究生班；24岁在中科院教研究生。接着，她恋爱，结婚，生子。一切都顺风顺水，处处布满了鲜花和掌声。

　　可是，在她29岁那年，上帝却突然关闭了那条通往幸福的大门，一下子把她推入到黑暗的深渊里——她的视神经发生了病变，双目失明。与光明一同失去的，还有她的丈夫和孩子。

　　她就像是一位武林高手突然被废了武功，一切的能力都在瞬间消失得无影无踪。吃饭、穿衣、走路，这些看似平常的事儿，对于她来说，简直比登天还要难。当然，最令她憋闷的是不能看书，不能写字，不能获取知识信息。这对于一个大学教授来说，是多么残忍多么可怕！

　　她要学习盲文，她要回到自己的知识领域里去！可是，这一年，她已经30岁。因此，她只好自学。她开始"看"盲文。她用手指摸来替代眼睛看。她摸的第一个英文单词是大白菜，字母为c-ab-b-a-g-e。这7个英文字母，她用手足足摸了一个小时，可是，她到底还是没有弄明白这个单词的意思。当父亲告诉她答案的时候，她哭了。她为自己的笨拙而流泪。

她不相信自己就这么被一棵"大白菜"给绊倒了。她要活下去，她要站起来，她要重新翱翔在知识的天空里。她开始了自己的奋斗。她一遍遍地练习，一遍遍地摸字，一遍遍地默记，然后，再把学会的东西背诵给父亲听。

142

一次，父亲在听取她背诵的时候，发现盲文字块儿上满是殷红的血，拉过她的手一看，才发现她的十指都已经磨破。父亲把她的双手攥在自己的手里，禁不住号啕大哭："女儿呀，咱不学了。爸爸可以养活你一辈子。"她没有哭。她反而笑着安慰父亲说："爸爸，你一定要相信你的女儿，我能行！"

一天晚上，她一个人偷偷地跑出了家。父亲很着急，四处寻找。最后，父亲在她工作过的教室里找到了她。她高兴地对爸爸说："爸爸，我成功了，我已经找到板书的方法了！"

她终于重返讲台。

她的板书依然是那么规范、飘逸；她的发音依然是那么准确、清晰；她的多媒体使用依然是那么丰富、绚丽；她的形象依然是那么风度翩翩、笑容可掬。一切都与生病前没有什么两样，以至于很多同学都不知道他们的老师已经双目失明。

她还以盲人的身份考上了美国哈佛大学肯尼迪政府学院公共管理专业，并获得了哈佛 MPA 学位；任联合国残疾人权利委员会副主席，中国第 11 届全国政协委员、中国盲协副主席。她，就是杨佳。

杨佳的成功正如她说的：一个人可以看不见，但不能没有见地；可以没有视野，但不能没有眼界；可以看不见道路，但不能停住前进的脚步！

从游戏中走出的建筑大师

　　一个阳光明媚的午后，在费城一家建筑师事务所里，一个神情阴郁的男子正用铅笔在纸上乱画。这时，一位老妇人推开门："请问，您是文丘里先生吗？"男子一怔，随即站了起来："母亲——""先生，"老妇人打断他，"请叫我瓦娜。"他顿时来了兴致，忍住笑："瓦娜！不，瓦娜夫人！您找我有事？""我想请你给我设计一处住宅。"瓦娜夫人说。"如果这依然是个游戏的话，"他忐忑地想，"那还要不要玩下去呢？"

　　为此，寡居多年的她把自己一生的积蓄都拿了出来。他明白母亲的苦心：几年前，他这个建筑学院的高才生，在开建筑师事务所时可谓踌躇满志，可现实是残酷的，自开业以来，一直门庭冷落。母亲进门时，他正在犹豫：要不要明天就宣布破产？但他又不甘心，他一直坚信自己的才华，或许是他的设计太超前了，没人愿意拿自己的未来家园让他去试验——且慢，瓦娜夫人不是主动找上门来了吗？好，那就权当它是一个游戏吧！

　　既然是游戏，那就要认真玩下去。按照客户——瓦娜夫人的要求，他设计的建筑可以像小时候搭积木那样，只要不倒，只要能住人，搭成什么样都可以。而这，也正是他一贯坚持的设计理念。这就要求建筑规模不能太大，结构也要简单，而简单并不意味着简陋……很快，他就确立了设计宗旨：随心所欲，天马行空；简单实用，充满温情。

1961年，注定将成为现代建筑史上的一个转折点。就在这一年，在费城栗子山上，一座名为"母亲的住宅"的房子诞生了。这是一座既简洁又复杂的小房子，其复杂性基于却又出于拘谨的传统手法，产生了一种不可思议的张力。它靠近道路，经过笔直的车道到达屋前，进入房内，在主起居室的中心，是一个壁炉，底大上小的楼梯从壁炉背后升起。楼上，整个空间是一大间卧室，后墙上，一扇拱形窗几乎占据了整个墙面……这座住宅从形式上说仍是美国式的，但却在古典中透出颠覆一切的现代性，随即又以一种神奇的力量，在颠覆与重构中寻找平衡。

这座被称为"孩子也能画出的原始住房"建成后，立即成为栗子山一景，并很快让它的设计者声名鹊起。他的建筑师事务所的生意也日益兴隆起来。随着时间的流逝，"母亲的住宅"愈来愈受到建筑界的追捧，现在已成为美国建筑系学生的朝圣地之一。而罗伯特·文丘里——这位终生陶醉在母亲游戏中的孩子，随后又以一系列影响深远的"涂鸦"之作，终于成长为一位世界级的、被誉为"将现代建筑从其自身中拯救出来"的建筑大师。

看不见道路，但不能停止脚步

疯子和天才只是一线之隔

他创立了全世界最大的网络支付平台，他制造出全世界最好的电动汽车，他完成了私人公司发射火箭的伟大壮举，他开发着速度近似声速的超级高铁……如今，他的计划是十年内在火星上退休，同时完成十万星际移民。他叫埃隆·马斯克。

狂妄自大的非一般天才

2016 年 4 月，在宣布两年内迈出"把人送到另一颗星球"第一步的"红龙"火星探测项目时，马斯克利索地回答了媒体关于自身个性的问题："狂妄、冒险"，而这两个词，足以概括马斯克的整个成长过程。

马斯克出生于南非，他的祖父是一位从加拿大来到南非的探险家，曾一直从开普敦跑到阿尔及利亚，还是第一个驾驶单引擎飞机从南非飞到澳大利亚的人。马斯克喜欢从祖父那儿去追溯他的冒险家本性："我不想听起来显得例外，但我的家族确实与别人不一样，更愿冒险。"

因为狂妄，少年时的马斯克辗转呆过七所学校，却没交上一个真正的朋友。于是，他将自己沉浸在文学与计算机里来逃避孤独。马斯克读尼采，读叔本华，却最喜欢科幻小说，整天做着各种奇幻的梦，对计算机更是无师自通。

11岁至15岁期间的马斯克一直处于"存在危机"之中，总在苦苦思索生命的意义是什么之类的问题。这不仅让他显示出迥异于常人的早慧，也极大地影响了他未来的选择——这种选择在常人眼里狂妄而不可思议。

18岁时，马斯克离开南非前往加拿大皇后大学就读，之后转学美国宾夕法尼亚大学。在完成物理学和经济学的学习后，马斯克得以进入斯坦福大学继续深造。然而他仅仅上了两天就退学了，"我不想在无妄中浪费自己的生命"。

退学后的马斯克创办了"Zip2"软件制作公司。三年后，"Zip2"被电脑巨头康柏收购，马斯克火速用出售所得的2200万美元创办了电子支付公司X.com，这就是后来的贝宝。2002年，贝宝被全球最大的网上商店易贝以15亿美元的高价收购，马斯克净赚1.7亿美元，成为硅谷标杆。当硅谷甚至整个美国都在关注他接下来的一举一动时，马斯克选择出乎所有人意料地不再关注互联网这一虚拟世界，而是整个宇宙。

马斯克从不掩饰自己的狂妄，"贝宝打算上市前夕的一天，我与老友睿西开车从纽约驶向汉普顿，睿西也刚捞到了一大桶金，所以我们开始思考怎么处置这笔财富。当我们开始谈到太空时，就像讲了个笑话，这太贵太复杂了。又开了几公里，却又想'可能也没那么贵，那么复杂吧'？开出纽约时，我们决定'去全世界转转，看看太空里有没有什么能做的'；于是我上网查了美国航天局的火星计划，我以为他们已经在去火星的路上了，结果什么都没有。一个月后，我打通了航空航天顾问吉姆·坎特雷尔的电话，一切就这么开始了。"

不按常理出牌的狂想家

在探索太空上，马斯克最初是想"买支火箭，装只老鼠或粮食作物，送上火星"，但逛完全世界的火箭市场，欧洲开价太高，俄罗斯人连续四次将他们用伏特加放倒后对他们说："一枚700万美元？打算买三枚？不，小男孩，我们说的可是2100万美元一枚，你的钱不够吗？"于是，在飞往伦敦的飞机上，马斯克对坎特雷尔说："我想我们可以自己造火箭。"

2002年1月，里约热内卢的度假沙滩上，马斯克读遍了坎特雷尔的大学教材，列出了造火箭的计划进度表，然后在全世界寻找工程师……马斯克的雄心是把商业发射市场的火箭发射费降低九成，在未来，把十万人送上火星，进行星际移民。

但雄心的成本是巨大的，SpaceX一度几乎耗光了他的所有：

2006 年，"猎鹰 1 号"仅发射一秒后因为燃料管破裂而失败；2007 年再次试射，火箭因为自旋稳定问题导致传感器关闭了引擎又失败；2008 年第三次试射，"猎鹰 1 号"升空仅两分钟后就出现异常，最终与地面失去联系……马斯克面临巨大的压力：如果第四次还是失败，SpaceX 将无力承担第五次发射。

公司从沸腾陷入寂静，因为马斯克出售贝宝所赚来的钱已消耗殆尽。更要命的是，同一年，马斯克的另一家公司特斯拉遇到了前所未有的发展瓶颈。双重危机令马斯克几乎濒临破产。

特斯拉和 SpaceX 前后时间建立，主攻电动汽车。当时通用、福特等大汽车生产商全都终止了自己的电动汽车项目，宣布电动汽车已死亡，而马斯克却开始大手笔投入。

马斯克的首席技术工程师认为这是件"不成功便成仁"的事，马斯克也坦承从一开始就知道失败的系数高达 90%，他执着进入的理由只有一个："电动车及太阳能将帮助人类摆脱石油即将枯竭的威胁，为延缓全球变暖赢得时间。"

为了这个疯子般的决定，马斯克不断向大众阐释特斯拉的理念和精神，不断说服人们相信电动车是不远的未来，不断回击媒体对特斯拉的攻击，不断动用好莱坞好友圈的影响力，抓住一切能在好莱坞电影里露脸的机会展示和介绍新车……

他的口才原本并不好，但在短短时间内，他迅速成为发布会上越来越具幽默感的魅力男主角。

但这一切还不是关键点，马斯克是个疯狂的完美主义者。他对特斯拉的设计极其挑剔，自己设计了后视镜，坚持要求仪表盘上不能有按钮，音响系统声控必须以 11 档作为上限……他在公司的公告上写着他的标准："卖十万美元的汽车，不能看起来像个垃圾。"

因为对设计万般苛求，产品投产日期一拖再拖，到 2008 年时，现金急速见底。

2008 年成了马斯克最痛苦的一年。"有一瞬间我觉得一无所有，亿万富翁现在最需要的是资金。但在金融危机爆发的 2008 年，没人愿意把钱用于预订太空旅行的位子，而特拉斯，律师早已拟好了宣布破产的法律文件，只等我签字。满楼的人，张口闭口都是破产。"

但马斯克选择了死撑到底，他将全部的 300 万美元个人资产注入特斯拉，又不断劝说其他投资人包括亲兄弟将个人财富投入 SpaceX。解决了"两个孩子"的问题，他的下一个问题变成"明天和谁借钱"——他所有的钱都得和朋友借，包括房租。

马斯克的坚持最终获得了史诗般的胜利。SpaceX 不仅取得了第四次发射的成功，还成功实现火箭发射后的陆地和海上回收，打破了火箭"造价昂贵的一次性消耗品"的魔咒，为世界开启了廉价太空时代的大门。而特斯拉，则成为全球最大的电动汽车生产商。

疯子的世界非此即彼

熟悉马斯克的人私下都叫他"疯子",因为他的世界里非此即彼,非黑即白。马斯克总能引起与他共事的人强烈的情感波动。他的同事们不是热爱他就是讨厌他,没有中间派。但无论是喜欢他的人还是讨厌他的人,无一例外地承认马斯克是一个"疯子"。

马斯克看不上美国所有的学校,索性自己建了一个,学校名为"奔向星辰",共有 20 个小学适龄儿童,三名老师,不分班,招收标准是"这间学校只收天才",教育理念是"教孩子自己解决问题,而不是教他们解决问题的办法",马斯克的五个儿子便在其间就读。

马斯克是一个尽职尽责的父亲。尽管一周工作100个小时以上,但他会时时刻刻关注孩子们。他会带孩子们去露营,虽然自己不喜欢;他难得陪孩子们踢足球,就随时让孩子们陪同出差;他为五个孩子提供了优越的生活条件,但他会让他们看到他为生活付出的努力以及个中的艰辛。

不过,这个尽职尽责的父亲现在开始规划"退休"了。他开始实施他的"星际旅游及移民"计划,目标是有生之年在火星上退休。退休之前,他会处理好电动自动驾驶汽车以及以声速前行的超高铁计划。这一切听起来让人瞠目结舌,但他的传记作者万斯认真地说:"鉴于他有这么多次把奇思妙想变成现实应用的成功纪录,我们不妨期待一下。"

　　2016 年 4 月，马斯克的自传《硅谷钢铁侠》面世，中文版已由中信出版集团正式出版发行。万斯对他冒险的前半生进行了详尽的描述，末了回到了最初的那个问题："到底如何看待埃隆·马斯克？"万斯总结了一句话："疯子和天才只是一线之隔，要改变世界的人，两者皆是。"

那些眼神，是一辈子的伤疤

同一个出身草莽、业有小成的朋友聊天，提及他记忆最深的一件事情，竟然是多年前的一束目光。

彼时，他还是一个保洁工。

那天，一直到处打零工的他，谈妥了一整栋写字楼的保洁工程。

同人签订协议后，他控制不住内心的激动，提着水桶就开始了工作。

夕阳西下时，他已经清扫干净了写字楼的天台，提着干净的拖布进了电梯准备回家。正是下班时间，电梯里，很多衣着光鲜的白领鱼贯而入，见到他，几乎所有人看他的目光都像一把立起来的刀子——戒备、嫌恶、鄙视、冷漠。虽然没有人指责，可是，那些刀子一样的眼神，还有自动同他屏蔽开的距离，都无声地表明了一个立场——这里，不是他应该出现的地方。

到底，他承受不住这样的歧视，在电梯门再次打开的瞬间，仓皇地逃了出去。

那天，朋友一个人从20楼走到1楼，背上的汗水早就干了，可是，眼中的泪水，却一直在。

那栋写字楼的保洁工程，他一共干了两个月，两个月中，他再也没有坐过一次电梯。每晚，他一定要等到所有人都离开那座大楼，才一个人孤独地从高楼一级一级地向下走。

说到今天的成就，朋友有片刻的寂然："你知道干成一件事情有多难。这些年，很多时候，我也会有灰心和绝望，可是，每到这样的时候，我总会记起电梯间那些刀子一样的眼神。一想到他们，我浑身就充满了莫名的力量。我不想一辈子都被他人锋利地鄙视，也相信，虽然我们的出身和教育环境不同，但有一天，我也可以凭借自己的力量，同他们活得一样充满尊严。"

朋友的铮铮铁言，让我深受触动，那个瞬间，我想起江苏卫视著名主持人孟非。

在成为主持人之前，孟非曾在一个印刷厂做工人。印刷厂设备落后，干半天工作，浑身就会沾染不少油墨。一天，孟非和同事们去别的单位食堂打饭。看到很多人熙熙攘攘地挤在一个窗口排队，孟非笑嘻嘻地同身后一个老工友讲："看咱们多幸运，这个队伍一点都不挤。"

老工人这时说了一句让孟非记了一辈子的话："那是人家嫌我们脏，所以宁肯在那边挤成一团，也不到这边来。"

孟非这才注意到，那些人偶尔漂移过来的眼神警惕得如一头兽，好像他们是让人厌恶的异类。

那天的午饭，孟非一口都没有吃下去。在压抑和愤怒中，他想：一定要活出个样子来，让这些鄙视、冷漠他们的同类知道，这一队衣着污秽的工人，其实灵魂同他们一样干净，甚至心灵的花园比他们还要丰盈。

我们可以看到的幸运是，十几年之后，孟非终于实现了当初的宏愿。

我不知道，当初轻易将轻视和敌意变化为刀锋一样眼神的人们，如果知道昔日的麻雀已经变身为凤凰，想起自己当初的浅薄，会有怎样的心情。

色彩性格学创始人乐嘉对那些刀锋一样的眼神，有自己的解读。他说，这个世界，对他人的鄙视和厌弃，一般人只会有两种反应：一是内心嫉恨，通过恶的途径来报复敌意和轻视；一是奋发崛起，激励个人成就一番事业，最终令他人对自己刮目相看。

被轻视虽然可以激励成功，但是，我却希望，这个世界，浅薄的伪高贵，能少了再少。因为，纵然被激励的成功可以让人扬眉吐气，但是，那些受过伤害的心上，刀锋一样的眼神，却是一辈子都难以忘记的伤疤。

痛够了，自然就努力了

当她决定推销墓地时，几乎家里所有的人都反对，因为卖墓地是一份不吉祥的工作，很晦气，被人看不起。

但是，她不管，她觉得，人既然那么看重活着时的暂时住所，那么就更应该重视百年后的永恒之家，为什么要看低帮自己推荐永恒之家的卖墓人？

她满怀激情上路，可谁想，一切都远出乎她的意料，她曾无数次跟了多个"目标客户"好几条街，游说他们为自己或者家人买一块墓地，可是得到的却是对方的怒斥："你给我滚远点，要不然，我就叫人踹死你！"

后来，她又跑到干休所里去推销，希望里面的老人能从自身的实际出发，选择好一块人生的"后花园"，可是，还没等她把话说完，就被几个老头老太太联手用扫帚狠狠地打了出来。

直攻不行，只能智取。几天后，她又带着两个同事装成"青年志愿者"去干休所帮老人们打扫卫生，可从早上一直干到下午2点多，才有一个老奶奶给他们送来了三个苹果和一杯水，推销的事则更是无从说起。

就这样，大半年下来，她遇见的全是一张张冷漠的面孔，别说卖出墓地，就连一个有意向买的电话也没接到过。

于是她决定改变方法，开始每天骑着一辆自行车，早上四五点钟就从家里出发，然后骑遍昆明的各个公园和健身广场，硬着头皮向晨练的老人推销。晚上则守在人家的门口，一直等他们回家吃过晚饭后，再敲门，说明目的……就这样，不到一年的时间，她整整骑烂了四辆自行车。

这期间，有一天晚上 10 点多，她在回去的途中，连人带车被一辆违规的公交车撞倒在地，当司机下来时，她已经浑身是血。面对冷漠的司机，极度虚弱的她有气无力地说道："你可以不送我去医院，但是你一定要向我道歉。"此时，好多人围观了上来，人群中突然有一个老大妈大声叫起来了："我认识她，她是推销死人墓地的。"话音刚落，围观的人"呜"的一声像躲瘟神一般四下散去。

那天，司机没有向她道歉，她一个人推着自行车，一瘸一拐地朝回走。也就是从那时起，她便开始发誓："以后在销售墓地的路上，自己一定要活出个人样来，有一天，自己一定要有一辆四个轮子带着铁皮的东西。"

之后，她常常自己掏钱，带一些老人们外出游玩，悉心照顾他们，不谈生意，只谈感情，从而慢慢赢得老人们的好感和信任，终于有了第一笔订单。

　　她的坚持有了结果，果然如她当初的誓言：第二年，她便有了属于自己的房子，虽然面积只有 60 多平米；第三年，她有了一辆属于自己的车，虽然也并不是什么名车；第四年，她成了老板，有了自己的第一个墓地销售店面；第五年，她有了属于自己的第二家店面……

　　如今，她已经是身价千万的老总，被业内誉为"墓地皇后"。她说，当所有的人都倒下了，哪怕你是跪着，也是胜利者。她的名字叫唐朝。她说，如果你努力不够，那说明你痛得不够。

为飞天时刻准备着

随着神舟十号飞船的成功发射，最引人注目的是在太空讲课的中国"80后"女航天员王亚平。

王亚平高考那年，正赶上招收第七批女飞行员，当时招收的名额很少，王亚平得知这个消息后觉得竞争太激烈了，就没敢去。后来，同学们觉得她学习成绩和体育成绩都比较优异，就怂恿她去试试。王亚平在同学的劝说下，抱着试试看的心理参加了体检，没想到竟一路过关斩将，顺利通过了学校、烟台市和济南的体检。高考成绩出来后，王亚平以高出空军长春飞行学院文化课分数线130分的成绩，拿到了长春飞行学院的录取通知书。

1997年8月，王亚平带着自己的飞天梦，开始了大学的学习以及体能训练和军事训练。四年后，王亚平以总成绩第二名毕业，成为一名运输飞行员。在工作中，王亚平不仅熟练掌握了四种机型的驾驶，更成为一名年轻的骨干飞行员，曾驾机参加汶川抗震救灾、北京奥运会消云减雨等重大任务。2012年，因王亚平具备过硬的飞行技术和超强的心理素质，经过重重选拔，被确定为神舟九号飞船首飞女航天员乘组。那一刻，王亚平的心中充满了无限期待。自从神舟六号飞船带着杨利伟飞入太空后，王亚平就渴望成为中国第一位飞入太空的女航天员，带着这个梦想，她刻苦训练，离梦想仅差一步，然而就是这一步，让王亚平以微弱之差无缘神舟九号飞船。

那时，王亚平的心一下子低落到了谷底，她开始质疑多年的努力，开始怀疑自己的技术能力。几天后回家，早已得知此消息的父母装作什么都没发生一样。晚饭后，父亲指着报纸上的新闻对母亲说："你看动物园的这个实验多有趣，饲养员在老虎的笼子中间隔了一块玻璃，然后左边放出已经饿昏的老虎，右面放进几只小绵羊。老虎一看到小绵羊，立即冲了上去，狠狠地撞在了玻璃板上。老虎不服气，怒视着几乎唾手可得的食物又冲了上去，再一次被撞得眼冒金星，老虎耷拉着脑袋蜷缩在一角，完全丧失了斗志。几天后饲养员尝试着将玻璃板移走，小绵羊倒是长了胆子，不断地向老虎面前移动，可老虎似乎受了玻璃板的影响，锐气大伤。才试了两次就放弃，这样的老虎怎么会吃到羊？"王亚平在一旁听着父亲的话，若有所思。

等父母去睡觉了，王亚平拿过报纸，正正反反找了很多遍，都没有发现父亲说的那条新闻。王亚平望着那张报纸突然顿悟，原来父亲是希望自己不要放弃。王亚平重拾信心，马上投入到后续的训练中。

在神舟十号飞船航天员乘组高质量的训练中，王亚平更加刻苦。

经过一系列的训练考评，包括操作能力、身体素质、心理素质和进行科学试验的能力，依据考评的成绩，最终王亚平脱颖而出，成为神舟十号唯一的女航天员。

消息公布后，记者采访了王亚平，记者好奇地问："神舟九号航天员选拔失利后，你有没有感到沮丧？"王亚平点点头，说："当然，飞入太空是我的梦想。"记者又问："那你是如何战胜自己的？"王亚平笑了笑，说："那源自于我爸编的一个小故事，其实他是想告诉我，失败不可怕，可怕的是自己放弃了，所以我一直为梦想而时刻准备着。"

我选择，我喜欢

　　一个初中尚未毕业的农村少年，在福建晋江沿海的一个小镇上捣鼓着一个制鞋的小作坊。20多年后，这个小作坊成了安踏（中国）有限公司，还成功在香港上市；小作坊的主人成了安踏（中国）有限公司的总裁，他就是丁志忠。

　　一个鞋王的成功之路，福建省晋江市的陈埭镇，20多年前是一个偏僻的靠海小镇。这里的人们靠捕鱼和出海的传统手段谋生。不少在海外谋生的侨民赚到钱后就把钱投到家乡办一些制造业，同时也给家乡提供大量的业务订单。制鞋业就是晋江最早涌现出来的一个行业，陈埭镇自然也就陆续兴起了一批鞋作坊。

　　1985年时，陈埭镇的农民丁和木参与了村里一家鞋厂的创办，不仅获得了办厂的经验，制鞋的技术，而且还积累了一定的资金。比较有远见的丁和木深知，要想把鞋厂办得更兴旺，就必须要想办法开辟广阔的销售市场。1987年时，丁和木把一万块钱交到儿子丁志忠手上，并将从镇上各鞋厂收购到的600双质地较好的鞋子一并交给儿子，让他把这批鞋子托运到北京去销售。丁和木是想让儿子在北京开辟一个晋江鞋业销售市场。这一年，丁志忠才17岁，初中尚未毕业。

到达北京后，丁志忠很快就进入了北京的"大康鞋城"，租了一个柜台，开始了自己的卖鞋生涯。当时在北京的鞋业市场，基本上都是被晋江的鞋商所垄断。为打开销售局面，丁志忠不辞劳苦，一户户商家挨门推销自己的产品。靠着勤奋、诚实、守信，丁志忠在北京立稳了脚跟。此后，仅仅是用了两年时间，丁志忠就把自己的鞋柜开进了北京的王府井商场。由于晋江鞋质量不错，在北京的销售还非常火爆，这也为丁志忠赚下了人生的第一桶金。边卖鞋边琢磨鞋子的营销技巧，钻研消费者喜欢什么样款式的鞋子。在北京打拼多年，丁志忠成了鞋业的营销专家。

当丁志忠在北京开的晋江鞋店专柜生意颇为红火的时候，丁和木觉得自己应该单独开一个制鞋厂，因为自己做鞋，儿子可以在北京卖鞋，这种配合应该是非常理想的状态。1991年初，丁和木在亲朋好友的帮助下，筹集到五六万元资金，自己单独成立了一家制鞋厂，与另一儿子丁世家和女儿丁雅丽一起共同打理。丁和木的想法其实很简单，他创立这家鞋厂是为儿女们以后有一份属于自己的事业。

1994年，丁志忠带着从北京卖鞋赚来的40万元钱回到了晋江。当年的40万块钱算是一笔巨款了，丁志忠拿着这笔钱回到家乡是想把家里的制鞋厂进一步扩大生产规模，并创造出属于自己的品牌，以品牌来拓展更广阔的市场。丁志忠与父亲和哥哥商量，把制鞋厂改名为"安踏制鞋厂"，并自己担任主管营销的副总经理。在外闯荡多年，丁志忠对鞋的营销非常熟悉，因此，他在销售方面充分展示了自己的才能，进一步开拓了鞋厂的销售市场。丁和木见儿子丁志忠在经营方面很有天赋，而且把厂子打理得井井有条，于是干脆把厂子掌舵的重任交给了丁志忠。

接手安踏鞋厂后，丁志忠开始按自己的经营理念来办厂。他记得在北京卖鞋时，晋江的鞋质量并不差，但总是价格最低，一双鞋卖价不到 20 元，而当时国内的"青岛双星""上海狼牌"等价格都在百元上下，而且这些鞋相当一部分都是在晋江生产的。丁志忠深知晋江鞋卖不起价，主要就是没有形成自己的品牌。打造出属于自己的知名品牌成为丁志忠心中最大的愿望。

当时，晋江的鞋厂几乎都是在接南美、东欧等海外地区的订单，做的是贴牌产品。丁志忠经过认真思索后觉得，海外虽然有一定的市场，但是海外的市场全加起来都无法抵得上中国的国内市场。于是，他决定在国内创建自己的营销网络，开安踏专卖店，打造自己的品牌，占据国内的中低端市场。

1998 年，正当丁志忠苦于寻求打造品牌的方式时，一个从广告策划公司出来的客户总监叶双全投奔到了丁志忠的门下。他和丁志忠特别投缘，他极力建议丁志忠走体育明星代言的路子来打造自己的品牌，并告知世界级品牌耐克、阿迪达斯等都是请世界级体育明星作产品的代言人。丁志忠经过考虑后最终选择了世界乒乓球冠军孔令辉作为自己品牌的代言人。当丁志忠宣布以每年 80 万元的代言费，请孔令辉作形象代言人，并以每年 300 万元广告费投入 CCTV-5 时，遭到公司里不少人的反对。因为这两笔巨大的投入，几乎是安踏公司全年利润的三分之二了，因此不少人认为丁志忠赌得有些过大了。由于丁志忠的坚持，最终这一方案得以实施。

当孔令辉在 CCTV-5 喊出"我选择，我喜欢"这句安踏的广告词时，市场反应并没有预期的那么好，在两个月之内甚至没有任何效果。就在丁志忠都感到有些忐忑不安的时候，两个月后，全国的商家蜂拥赶至晋江安踏的工厂里要求订货，安踏的销售部几乎每天都挤满了前来订货的客户。2000 年，孔令辉在奥运会上夺得乒乓球男子单打冠军后，丁志忠的安踏也一举成为全国的知名品牌。选择孔令辉为产品代言人是丁志忠最成功的一步。安踏公司 2001 年的销售收入还只是 1 个亿，而到了 2006 年则达到了 12.5 亿元。

打造品牌，光靠广告是不够的，必须要有自己的营销渠道。丁志忠在广告上获得成功之后，立即着手扩建全国的营销网络。他对经销商做出进一步的让利政策，鼓励更多的经销商加入自己的营销队伍。到 2010 年 6 月时，安踏的专卖店已达 7500 余家，基本上囊括全国三级城市的主要街道。

丁志忠的成功，令晋江一大批鞋商纷纷仿效他的做法，也请各大体育明星作为自己产品的代言人。一时间，CCTV—5成了晋江运动鞋的专用频道了。丁志忠这时早已由体育明星代言而转为重大赛事的赞助商了。他开始每年投资4000万元赞助中国篮球联赛（CBA）。因为这时候，丁志忠不仅仅做运动鞋，而且还生产系列运动服装。

在安踏公司不断发展壮大后，公司一直比较富有，根本不缺钱，无须从社会融资，所以丁志忠一直以来都是拒绝外来投资的。2004年6月28日，当李宁公司在香港上市后，丁志忠突然觉得，自己也应该成为一家上市公司。虽然只是一种意念，但是，经过他的智囊们充分的论证，上市成为公众公司确实大有益处，不仅能够筹集到一笔不菲的资金，而且还可以规范公司的治理结构，消除家族企业的各种弊端，扩大公司本身的知名度，更好地吸引各类管理人才。丁志忠决定谋求去香港上市。于是，把科尔尼请来做战略规划，让浩腾代理媒体广告投放，聘毕马威做会计事务，将品牌管理外包给智威汤逊，雇摩根士丹利做上市保荐人。一大批世界顶级机构在为安踏做着上市的前期工作。

2007年7月10日，安踏在香港成功上市，筹资31.7亿港元，远超过李宁在香港上市所筹资四亿元的规模。有了充足的资金，丁志忠不再局限于赞助国内篮球联赛了，他瞄上美国的NBA赛场。

因为在安踏 IPO 过程中，休斯敦火箭队老板亚历山大投资了 2.34 亿港元，持有安踏 8.2% 的股权。上市当年，丁志忠花巨资一口气签下了火箭队佛朗西斯、斯科拉、维尔斯三位球员。

不过令丁志忠最骄傲的还不是在香港成功上市，而是 2009 年 6 月，安踏一举击败竞争对手李宁、阿迪达斯等，成为中国国家奥委会体育服装赞助商。这就使得中国体育健儿从 2009 年—2012 年间的十多项重大赛事中，将身着安踏运动装，驰骋在世界各大赛场。

丁志忠品牌战略和营销战略的成功运作，使安踏运动鞋连续八年位居国内榜首位置。2010 年，安踏发布的年度财务报告称，其营业额上升至 74.08 亿元，净利润达到 15.51 亿元。

一双脚书写的传奇

　　他是一位山里娃，14 岁那年因家庭贫困，初中就辍学外出打工，从摆地摊当修脚工起步，到专业修脚房再到成立连锁公司董事长。如今 32 岁的他，已在全国 22 个省区市开设了直营店和加盟店 400 多家；带动了 5000 外出务工的乡亲发家致富。他就是"郑远元专业修脚连锁有限公司"的创始人郑远元。

　　"80 后"的郑远元，是陕西紫阳人。父母务农，家境贫困，14 岁辍学走上了外出打工之路，跟四川的姨父学起了修脚。空闲时间他还到附近的餐馆洗碗打杂，他想多挣点钱寄回家贴补家用。由于郑远元学习刻苦、努力、勤快，五年后他已全部掌握了中医修脚的手艺。

　　2002 年，已经出师的郑远元来到与达州相邻的陕西汉中。没想到，在这里郑远元登门求职却屡屡被拒之门外。

　　无奈之下在汉中市汽车运输公司门口摆起了修脚摊。第一天，无人问津不说，很快还被人赶走了。挪到虎桥路口后，郑远元"否极泰来"，地摊从早上 10 点一口气摆到了晚上。修脚三元，一天就挣了 120 块钱！这是他最难忘怀的"第一桶金"。

郑远元很能吃苦，修脚、治脚气、挖鸡眼、取肉刺……很多时候，为了省时间，中午只吃三元一碗的刀削面，怕上厕所更不敢多喝水。郑远元做人踏实，待人真诚，服务态度又好，很多人慕名来找他修脚。就这样，他的修脚手艺越做越熟练，客户也越来越多，收入也从每月的几百元到几千元，后来竟有近万元。

2005年初的一天，一位在此摊治好脚病的老人，提醒郑远元道："你这么年轻，技术又这么好，摆地摊终究不是长久之计，还是应该开个店正规干，才能有大的发展。""谢谢您的提醒，我知道怎么做了！"接下来，郑远元租门面，办执照……2005年底，郑远元的第一家修脚店终于开张了，从摆地摊到开店做老板，郑远元用了三年时间。

店面一开张，就有许多老客介绍过来的新客户。一个人忙不过来，郑远元想到了还在老家深山里"刨食"的乡亲们。可是当他回老家找帮手时，老家的朋友却一盆盆冷水泼过来："你发大财吧，我不干，即使没有饭吃，咱也不去搞修脚。""啥事不能干啊，去做这种下贱的活路！"

创业之路又岂有高低贵贱之别？经过反复动员，姐姐郑远翠、嫂子任继芳成了他的第一批员工。由于服务热情、价格低廉，他的店面逐渐门庭若市，老家前来打工的人也越来越多，很快分店陆续开张……2006年底，郑远元已经在汉中、安康、四川达州等地开了十几家专业修脚店。

2007年，郑远元正式注册成立了以他本人命名的专业修脚服务连锁有限公司，创立了品牌，创办了培训学校，吸引加盟商。今天，已在全国22个省区市开设直营和加盟店400余家，同时还带动更多的乡亲们走出大山，用勤劳和智慧走上富裕之路。

此外，郑远元回乡投资建设了八栋400余户的新型社区，让留守在家的老人和小孩从山上搬到新型社区居住，一举解决上学、就医等难题。由于郑远元贡献突出，他先后获得"紫阳县十佳杰出青年"、安康市"首届十大优秀外出务工青年""中国诚信企业家""西部名人"等光荣称号。

在一次创业访谈节目中，郑远元深有感触地说："创业不分贵贱。我能走到今天，主要是不屈服于命运，永不放弃，努力向上。"是的，创业不分贵贱，只要你不甘平庸，永不放弃，努力向上，你也会像郑远元一样，凭自己的一双手和坚定的信念书写"草根"传奇。

永不言弃，才能升华生命

〰〰〰〰〰〰〰〰〰〰〰〰〰〰〰〰〰

"夏夜读书夜不眠，人悄静静都无言；外婆含怒离吾去，月桂三更不亦甜？"这是他写的名叫《夏夜读书》的诗，虽是有感而发，却也是他真实的生活写照。

1994 年 8 月 16 日，他来到这个世界。本该欢庆的日子，可他的父母却怎么也高兴不起来。他出生时重度窒息，导致脑细胞死亡，不幸成为一个脑瘫儿。他不会对父母笑，不会喊"爸爸妈妈"，也不能自如地行走。

他的父母在外地工作，每周只能回家一次，平时他由姥姥和姥爷照看。从三岁起，爱看书的姥爷每天给他讲故事，教他一些简单的字。在耳濡目染下，他喜欢上了读书，也梦想着有一天能走进学校。

然而，到了上学的年龄，父母带他去报名，却被老师婉言拒绝了。他的上学梦一次次被拒于学校的门外，父母不忍心他就这样输在起跑线上，就和姥爷轮流当起了他的家庭教师，通过故事书教他认字。每个周末，父母都带他到书店买书，只要是他喜欢的，无论多贵都要搬回家。

他虽然行动不便，却有超强的大脑，对书中的故事过目不忘。

到七岁的时候，他已经可以独立看故事书了。在姥爷的影响下，他九岁时开始读《红楼梦》，之后又将古典小说四大名著通读了数遍。遇到不认识的字，姥爷就教他查字典，他每查一个汉字，都要下巴和手肘并用，耗费很多时间。即使这样，他仍旧坚持，认真地学习每一个汉字。

　　认识的字越来越多，虽然写得歪歪扭扭，但他终于可以用笔和家人交谈。姥爷又鼓励他学习打字。打字对他而言，是难上加难。他的身体根本不听自己指挥，坐在电脑前，他要先将手骨拳曲的右手摆放在键盘合适的位置，然后移动食指，颤抖地敲击着键盘。十根僵硬的手指，只有右手食指可以活动，他就是依靠这一根手指，在键盘上不停地敲击着。不仅如此，他坐久了就会全身无力，每每这时，他都要咬牙坚持，将文字输入到电脑文档里。

　　随着打字速度的熟练，他开始写日记，有时也和网友聊天，在网上下象棋，他的生活变得丰富多彩。就在他对自己的生活感到满足时，2010年8月的一天，姥爷突发疾病去世了。这些年，姥爷教他读书认字的情景历历在目，姥爷的离去，让他脆弱的心变得不堪一击。

　　那天中午，他趁姥姥睡午觉的时候，将自己反锁在书房，拿着打碎的碗片割腕自杀。姥姥睡醒后怎么也叫不开门，她叫来邻居，把门踹开后，发现他已经瘫倒在斑斑血迹里。他的生命虽然保住了，但他的心却从此沉沦。邻居牛琴琴是他的好朋友，得知消息后，立即赶到医院看望他，可牛琴琴发现，无论怎么安慰，他的心都像一潭死水。

为此，圣诞节前，牛琴琴发动小区所有的居民为他折千纸鹤。当一串串纸鹤挂到他的床前时，牛琴琴边整理边说："你看纸鹤的翅膀多漂亮，其实，生活在人间的每个人都是天使，都有一对隐形的翅膀，只要想飞，任何时候都可以展翅高飞。"这些话激起他心里的阵阵涟漪。

他重新坐到电脑前，开始自学小学的课程。没有了姥爷的辅导，他明显信心不足，还好小区的朋友们空闲时来帮他辅导，让他进步很快。他在心里深深地感谢他们，并将这份感谢写成诗歌，记在日记里。

这样的日子一晃过去了两年。两年来，他自学完成了小学到初中的所有课程，并写下200余首古诗词和14本日记。后来，他又开始创作小说，只要有了灵感，无论是在吃饭，还是要去睡觉，他都立即坐回到电脑前。

一天晚上，姥姥催了几次让他去睡觉，他都像没听见一样，依然在电脑前敲击着键盘。姥姥生气不再理他了，他却创作出了《夏夜读书》这首诗。就这样，在一次次的坚持中，他用一根手指在电脑键盘上敲击出了20多万字。2014年，收录了他此前四年陆续创作的《草原惊魂》《这样是爱情吗》《后悔有用吗》等六部中短篇小说的《秋韵小说集》和收录了《梦上学》《长相思》等 170 余首诗词的《秋韵诗词集》正式出版。

他，就是今年 20 岁的赵秋凯。

2014 年 7 月 20 日下午，晋城市文明办、国学研究会、广电网为赵秋凯的《秋韵诗词集》和《秋韵小说集》举办了首发仪式。他吃力地为前来的读者在书的扉页上签下自己的名字。有人问他，没有上过一天学，还要克服身体的不便，是怎么做到今天的成绩的？他在纸上重重地写道："坚持、坚持、再坚持，为梦想而飞翔。"

其实，每一个成功都不是偶然的，唯有永不言弃的坚持和不懈的努力，才能让平凡的生命得以升华。

这个杀手不太冷

他是美国家喻户晓的"最致命神枪手"，在伊拉克服役十年间狙杀 255 名武装分子，先后三次获颁银星英勇勋章，五次获颁铜星英勇勋章；他是好莱坞电影《美国狙击手》的原型人物，是同名自传的作者；他出生入死，是美国人眼中的英雄，但他却说："那些都只是哄人开心的糖果，历经生死，我非常清楚什么才是自己最需要的，那就是平安回到家人身边，每天能和他们共进晚餐。"

牛仔梦里的坚定少年

1974 年 4 月，凯尔出生于美国德克萨斯州的一个牧师家庭。小城长大的他有着传统的价值观和正义感，正因如此，少年凯尔最初的梦想是成为一名真正的牛仔或者参军。

从开始识字起，凯尔就对枪支有了热爱。他喜欢与父亲和哥哥一起去打猎；在自己的生日会上玩 BB 枪大战。后来，凯尔得到了一把真正的步枪，他对枪的喜爱日渐浓厚，并不断地学习骑马驯牛，参加各种骑术比赛，"这是成为一名真正的牛仔的必经之路"。

少年凯尔一心追求那种恣意潇洒、匡扶正义的牛仔精神，所以大学毕业后直接进入一家牧场工作。然而彼时的美国牧场早已与19世纪中晚期的形象相去甚远，策马驰骋、除暴安良的牛仔形象只存在于小说和影视作品中。现实中的牛仔，生活就是喂牛、放马、吹风、赏景。日复一日地骑着马，看着日出日落，凯尔感到这样的人生没意思极了，他想换一种活法。

　　一名海军招聘人员给了他启示。当这名尽职的军人详细给凯尔讲述了可能在海豹突击队遇到的所有很酷的事时，凯尔马上意识到了一个问题——他不应该将时间浪费在浪漫的牛仔梦上了，他的未来应该在军队里，在海军陆战队里。

　　凯尔轻轻松松地完成了海军的基本测试，并且通过了海豹突击队基本水下爆破组的培训。培训很严酷，随时淘汰制，他和朋友们躺在沙滩上，胳膊缠在一起，脑袋在寒冷的海浪中盘旋。那无法控制的颤抖持续数个小时，但他从来没有想过站起来敲钟——钟声一响，他可以立刻喝到一杯热咖啡，吃到一个甜甜圈，然后默默退出团队。"我只是太懒了，如果那个钟离我稍微近一点，我的整个人生可能就变得不一样了。"之后凯尔总是这样玩笑似地解释当年的顽强与毅力。

　　"他比我见过的任何人都有意志力，如果他在乎某些事情，他就从来不会放弃。"他的妻子塔雅说。凯尔和塔雅是在圣迭戈的一个酒吧里遇见的，她觉得和凯尔非常有缘，但一直都不敢下定决心，因为妹妹和一个想要加入海豹突击队的男人离婚了，离婚后特地告诉她，绝对不要和这样的男人结婚。但是凯尔是一个非常坚定的人，他经常主动讨论彼此的情感，不断地重新评估两人的关系，最终，在凯尔去伊拉克打仗前，他们顺利结婚了。

战场上的"拉马迪恶魔"

新婚不久，凯尔就被派往伊拉克战场。之后，整整十年里，总能在战火最浓的地方看到凯尔的身影。有人称凯尔为"传奇"，但他更喜欢伊拉克武装分子给他取的绰号——"拉马迪恶魔"（拉马迪，伊拉克中部城市，安巴尔省省会，靠近首都巴格达）。

"拉马迪恶魔"来源于他辉煌的战绩，在伊拉克服役十年间，凯尔狙杀了 255 名武装分子；仅在 2004 年的伊拉克费卢杰巷战中，单枪匹马隐藏在一座伤痕累累的孤楼里的凯尔，就狙杀了 40 名叛乱分子。

凯尔最辉煌的战果是 2008 年在伊拉克萨德尔城郊区的一次狙击。当时他从 1920 米的距离外准确击中了敌军火箭弹发射器的操作手。1920 米的距离，连目标都看不清楚，还要考虑风速、重力、高差等客观因素的影响，能击中目标完全是神一样的存在，上司和战友们纷纷追问他是怎么做到的，凯尔笑笑说："上帝吹了一口气，让子弹射中了目标。"

凯尔一直说自己不是最好的狙击手，但他对"拉马迪魔鬼"这个称号非常自豪。"他们给我起外号，悬赏我的命，这让我觉得自己尽了职责。"

战功赫赫让凯尔有了"传奇"的名头，但他从来不爱讨论到底杀了多少人，他只希望能够计算一下他救了多少人的命，"这种数据才算数，我会到处显摆的。"

战场上的凯尔没有时间纠结战绩，看着敌人死去并不会让他停下手中的狙击枪，只有战友的死亡才会让他崩溃。2006年8月，凯尔的队员马克去世，马克是第一个在伊拉克战争中牺牲的海豹突击队队员，所有队员都在拉马迪为马克准备追悼会。凯尔写了一段演讲词，但当他要上台时，他却说不出话。一次次地试图开口，却一次次地以哽咽结束，最后他悲怆地走下台，抱着身边的队友号啕大哭。

所有的生命都需要被敬畏

凯尔最终离开了他钟爱的军人职业。凯尔退伍了，他如此选择与妻子塔雅不无关系。长时间的服役并在战场上厮杀，使他成为一个无比合格的杀手与战士，凯尔喜欢那种与战友一起浴血厮杀的日子，但是，他不是一个合格的丈夫与父亲，他与自己家庭的关系日甚一日地疏远。"我要挽救自己的婚姻，负起自己对家庭的责任。"

但骤然远离战场你死我活、惊心动魄的较量而跌入平淡的日子，对于凯尔沉浸厮杀的内心世界的冲击力、破坏力，无异于令正在飞驰的赛车踩刹车。家中警报器不慎响了，凯尔迅速躲到家中的桌子底下，第一反应是"被飞毛腿导弹袭击了"；晚上睡觉，任何时候都会下意识地自我防御，以致塔雅不得不每次上床睡觉的时候小心翼翼地唤醒他，以防被他弄伤；看到路边的垃圾箱，他会在第一时间往相反方向急转弯，因为它太像伊拉克的简易爆炸装置了……

"创伤后应激障碍"是很多退伍老兵的梦魇，对于已经受到这方面困扰的凯尔来说，重新适应和平环境中一个普通人的生活成了相当困难的一件事，凯尔开始整日抱怨、酗酒、发牢骚，心中不乏对妻子塔雅的怨恨。

幸运的是，凯尔有两个极可爱的孩子。服役期内，他几乎没有时间陪在两个孩子身边，当他回归家庭后，他很快发现，陪伴孩子是一件比做一个惬意的牛仔或勇敢的狙击手更吸引他的事情。和儿子在一起时，他可以像儿子一样淘气又粗犷；而面对女儿时，他内心的温柔体贴立刻毫无保留地四溢。坐在地板上和孩子们一起滚来滚去地玩，逗得孩子们乐不可支时，他也幸福感爆棚。慢慢地凯尔开始感觉好些了，他决定重新开始工作，担负起家庭的责任。

最终凯尔创办了一家军事承包公司，为军方和安保人员提供安全护卫培训。在训练下一代美国狙击手时，凯尔也非常积极地参加一些关注退伍老兵的组织与活动。他四处为那些受伤的老兵们筹集健身器材，他劝慰他们尝试更多的工作。当退伍老兵们情绪低落时，他带他们到训练场进行放松……"我不想看着那些曾经为了国家而战的勇士们最终无根无基。"

凯尔还将自己的经历写成了自传《美国狙击手》。这本书登上了最畅销排行榜，并最终改编成同名电影。凯尔捐献了所有的版权收入，他把其中的三分之二给了牺牲战友的家人，剩下的捐给了慈善机构来帮助受伤退伍老兵。

凯尔相信，所有的生命都需要被敬畏。

只要在一起，
去哪儿都好

愿你明白爱情是什么，知道什么叫永远。如果我是你，一定还会再尝试。

只要在一起，去哪儿都好

1

在我大婚归来，从包头到青岛的火车上，我的上铺住了一个姑娘。她从集宁南上车，拎着大包小包，我帮她把大箱子放在行李架上，她说谢谢。然后请我吃风干牛肉，我说谢谢，但是没吃。

她转身坐下来，顺道开了一瓶啤酒，把桌子上摆了鸭脖、花生米，一副很开心的样子，她问我，要不要喝点？

我说，我已经连喝三天了。

她说，有那么开心的事，一开心就是三天啊？

我羡慕她有这么简单的人生观，开心就喝酒，喝酒就开心。在我的世界里，我只喜欢两种女生，豪爽得像条汉子或者萌得像是一只蹦跳的小鹿，如果爱喝酒的话，那么印象分再加五分。然后我回答她说，对啊，我结婚。

她笑着说，真羡慕你，你媳妇一定很漂亮吧？

我笑了笑，嗯，很漂亮，她坐在你旁边呢。

她转过头看着我媳妇说，姐姐你好。

我问她，你去哪？

　　她突然一下子很忧伤的样子，说，去见我未来的婆婆啊，可惜，我婆婆不喜欢我，她嫌我们俩家离得太远，本来都快要订婚了，哎，关键是我们还都没有见过一次面呢。说完，姑娘就猛灌了几口啤酒，吃了几颗花生米。

　　我问，有多远？

　　她说，应该有 500 多公里吧！

　　我和我媳妇突然都笑了，我说，500 公里那叫远？你是不是逗我呢？你知道我跟我媳妇距离多远吗？ 30 个小时的火车，5 个小时的汽车，几乎要穿越大半个中国呢。

　　她说，可能是借口吧！以前，我只不过多看了两眼橱窗里的裙子，他就给我买了。我只不过多看了两眼路边的糖炒栗子，他就给我买了。我只不过多看了两眼章鱼小丸子，他就给我买了，他那么疼我，疼得那么单纯，所有我看上的，只要他有，只要我要。

　　我说，那你应该很幸福啊！

　　她说，后来，我买了一个墨镜，酷酷的那种，他再也没有见过我要的眼神。你说，下大雪的深夜你顶着风去买了一碗酸辣粉，跟艳阳天里他给你送来一份酸辣粉，哪一个更好吃？

2

　　那天挺巧，我刚好听到一首歌这样唱：我已经相信有些人我永远不必等，所以我明白在灯火阑珊处为什么会哭。窗外是一茬一茬的麦田，秋天到了，我们一人一把镰刀，收割我们的一亩三分地，从此恩怨情长，你与我，再也无关。

姑娘本来叫于歌，我猜应该是傍晚夕阳，那一首打鱼归来的渔歌，她妈妈听算命先生说，要三个字，于是中间给加了一个"笑"字，现在姑娘叫于笑歌。大概她妈妈没多少奢侈的要求，只要姑娘一辈子能笑，便是最好的一生。可是，现在她哭了，就坐在我对面哭，那时窗外灯火阑珊。

旁边一对老夫妻问姑娘，你哭什么啊？

于笑歌不说话，一边喝着一边哭，我知道她的悲伤。于笑歌跟我说，他们异地，男生的妈妈又下过最后的通牒，要么他妈妈死，要么他娶我，二选一，所以她男朋友压力很大。最后她男朋友跟她说，喜欢上了另一个姑娘。

于笑歌从来没有贪图过什么，偏偏她男朋友的妈妈误会了她，她从来没有张口要过，除了她跟她男朋友一起唱 rap 的时候，喊过"要，要要切开闹，煎饼果子来一套"，如果非要说贪图，那就是贪图跟男朋友在一起每一段快乐的时光。可是在那段最煎熬的日子，她没有在她男朋友身边。那是她最懊悔的一件事，所以她坐火车连夜去找她男朋友。

她在男朋友家楼下的小店点了酸辣粉，对，她迎风走了一里地，差点迷了路才找到。她给她男朋友打电话,她男朋友不接。她给自己的双手哈气,她蹦蹦跳跳,她从 1 数到 100,从 100 数到 1。那天雪花落满了头,她看见她男朋友从楼道里跟一个姑娘一起走出来。她唯一恨的是,为什么自己那么笨,连楼层都记不住,连说一句"你好"都说得那么不顺溜。

姑娘问,我是不是很傻?

老太太笑着说,我年轻的时候,跟你一样。

后来,于笑歌她男朋友买了大份的酸辣粉,去给她送,她不接电话,他在楼下等了大概半个小时,或者更长。那艳阳天,暴晒,然后于笑歌下楼,他们在公司楼下的太阳伞下的桌椅上吃,他笑着问,好吃吗?

于笑歌问,那姑娘呢?

男生说,哦,你说我姐啊,早回她娘家了。

那是唯一一次他们分手,超过了近三个月,于笑歌差点以为那一次就是真的了,他们玩了一个你不理我我就不理你的游戏,她真的不想赢。

我记得海明威说过一句话:我同情所有不想上床睡觉的人,同情所有在夜里需要光亮的人。对,他说的就是躺床上抱着手机失眠的每一个你,我想应该后面还有一句,怕梦里没你是一场失望,怕梦里有你不舍得醒来;或者另一句,要不是等你一句晚安,谁会失眠啊！

所以，那天，于笑歌站在两节车厢的交接处，她问别人要来一支烟，可惜，她不会抽，呛的直掉眼泪。她故意的，这是她掩藏悲伤的方式。

3

那天于笑歌问我，你有没有听过一首歌？

我问，哪一首？

然后，她轻轻地哼唱起来，她唱得很好听，嗯，她走进了那一首歌：我爱上，让我奋不顾身的一个人。我以为，这就是我所追求的世界，然而横冲直撞被误解被骗，是否成人的世界背后，总有残缺。我走在，每天必须面对的分岔路，我怀念，过去单纯美好的小幸福。爱总是让人哭，让人觉得不满足，天空很大却看不清楚，好孤独。

那火车车窗上倒映的她的脸，好孤独，可是，那一张脸，以前被捧起过，应该也靠近过另一张脸，可惜，现在这一张脸，抬起头，离得最近的，是城市的天黑黑的天空。

她问我，为什么全世界都劝我放弃，我还是想站在他面前，再拉一下他的手，问问他，愿不愿意带我走？

我说，那大概就是爱情吧！

她笑着说，你知道习惯性分手吗？

我问，什么意思？

她说，我们常常会因为各种小事吵架，吵到最后，就是分手吧。上一次，是我们第 37 次分手，分手的时候，我们互不搭理，然后就这样过去了。其实，后来才知道，那些事从来没有解决过，只是一个一个被堆积起来，就像秋天的麦堆，每一场吵架，都像是一场秋雨，然后有一天所有问题开始发霉。

我问，你有多爱他？

她说，你见过秋天的麦浪吗？就是那样，一拨又一拨，有时候恨得牙疼，分分钟想要跟他同归于尽；有时爱得肝颤，离开他一秒，感觉都要死掉。反正都是一死，不如跟他一起，至少不孤独。

我接着问，他有多爱你？

她说，他是那一阵风，风吹麦浪。

她听过太多人劝她分开，她在爱里活得那么辛苦。她问我，万一这一次，我跟婆婆聊不来，怎么办？万一婆婆还是不喜欢我，怎么办？她心里一万个可怕的万一，却从来没有想过一个万一，那就是万一自己想多了呢。

我就告诉过她一句话，那就再试一次喽！

后来于笑歌在微信上告诉我，她订婚了，她很开心地告诉我，她的婆婆是一个好有趣的人，是一个跳广场舞领舞的拥有着少女心的人，她的舞步好快，所以孤独，从来没有追上她。

可是那天，她婆婆告诉她，怕她儿子结婚以后，家里的户口上就剩下她一个人了。于笑歌一下子心软了，她问自己，这还是那个广场上跳着"巴扎嘿"的耀眼的小老太吗？

4

你说，我们活着，究竟是什么阻止我们去爱？一直想不明白，物质？性格？家人？还是距离？后来，我遇见于笑歌以后，想了很久，终于知道，能阻止我们爱的，不是那些来自内心未知的恐惧，偏偏我们觉得是现实里的不通融不理解，是我们恐惧面对面交流。所以一开始，我们就给自己设置了不可能的门槛。我们听了太多不好的故事，以为是绕开了坑，反而过不好自己的一生。

以前，我觉得不可能，我怎么可能去爱3000多公里以外的一个姑娘？当马奶酒满杯，当酸菜排骨上桌，当焖面起锅；你沉入梦境，你浮出尘世，那个人都在。你才发现，那些不可能的爱，你迈出第一步的时候，一切都在慢慢地、慢慢地发生了变化，等回过神儿，反正闲着也是闲着，不如结个婚喽。我没时间许愿，我把时间都用在了去实现，所以，现在，我们在一起了。

那天姑娘就坐在我对面，那么端庄，一手拿着啤酒一手捧着爱，她不怕千万人阻挡，好在最后自己一个人没投降。这世上的坚持和善良，都有好报。要不是为了吃一碗地道的酸辣粉，谁会轻易甘心排个十几分钟的队。别嘴上说说在一起，你看，薯条和番茄酱那么般配，你知道它们当初是土豆和西红柿的时候，有多努力吗？

愿你明白爱情是什么，知道什么叫永远。如果我是你，如果我还年轻，我就再试一次喽，反正爱，给一条狗或者一个人，没啥两样，狗会蹭你小脸，人会跟你说宝贝。无非是两种爱嘛，你慢点等等我，你快点我等你，一切来得及，我们又不着急赶路，火车正点晚点你都得享受，所以我信，只要我俩在一起，在哪里都是最好的。

爱情，需要的是真情实意

1

前段时间听一个小姑娘抱怨，我最讨厌谈恋爱的时候对方动不动就说"我是为你好啊"。

她说这句话时的心情，像极了叛逆期要和父母顶嘴的状态：你管我这么多呢!

见了太多小情侣因为互相约束太多而分手，理由千千万万，听起来却觉得很可笑。

不许你和异性老板有任何接触，不许你参加任何社交活动，不许你穿露脐装……

明明是自己给另一半强加的约束却非要冠冕堂皇地说成：我都是为你好。

我觉得最好的恋爱状态就是绝对占有，相对自由。

你不需要刨根问底费尽心机要知道他的一切，你只需要知道他想让你知道的那一面就好了。

你能知道现在他可以为了你改变，又何必在意过去他是怎样呢。

你不需要给对方太多约束，因为你一开始爱的就是那个自由洒脱、热爱生活的他，又何必自私地让他活成你想要的模样呢。

你可以有无数的不够好，但你于我而言是最温暖的存在。

2

小 A 的男朋友从来不会讲一些好听的话哄女孩开心，和女孩子聊天撑不到两句就会把天聊死。

而小 A 属于那种喜欢甜言蜜语的小女生，一开始自然看不上对方。

直到有一天自己生着病还要加班工作，很心疼自己于是发了个动态。

那些每天说好听的话哄小 A 开心的暧昧对象，无一例外地只是在朋友圈评论说"多喝热水"。

看着这些没有实质性关心的回复，小 A 觉得好气又好笑。

这时他打电话过来，说："我接你回去。"

没有一点关心的话语，却满眼的疼爱，为她准备好药，煲好汤，开车到公司楼下接她回家。想到之前对方无微不至的关怀，这个时候小 A 下定决心要和他在一起。

女生很务实，更喜欢男生实打实地对自己好，而不是只会打嘴炮。

3

爱情，其实就是你还没哭时他也懂得心疼你，你还不够累时，他就给你依靠。

真爱不是一下子把你感动晕，而是细水长流般对你好。

一切没有实际行动的关心都是屁话，如果爱长在了心里，它就如人需要一日三餐、吃饭睡觉一样简单。

真正的爱就是落入平常的柴米油盐里，我吃到什么都想留给你，看到什么都想带你去，我想把我所有的好都给你。

也只有心里装有你的人，才会自然、随性，不刻意的就会想到你，才会把对你的好落到琐碎细节里。

陪伴是最长情的告白，找一个温暖的爱人，然后牵手共度余生。

他不管有多少，总是把最好最多的留给你。

4

爱情如人饮水，冷暖自知。除了爱情，友情也是这样。

你不用跟我讲太多大道理，你只需要在我失恋时陪陪我，有需要时帮帮我就够了。

我有一个朋友，本来好端端的没事，结果被别人活活劝分了手。

简单来说就是她男友做什么，身边朋友都说有毛病。

他跟朋友出去为啥不带你？他朋友圈怎么没你照片？他根本不

爱你，快和他分手吧！……

要我说，这个男朋友够冤的，被一些来路不明的法官判了死刑，连申辩的机会都没有。

分手之后朋友就后悔了，她这才想起男朋友对她的好。

人啊，总会把感情理想化，你是自己交男朋友又不是活给别人看的。总是想自私地占有一切，到头来发现其实什么都不属于你。

我们总是忙着把别人的人生摆弄成自己想要的样子，却没有多花时间好好过着自己的人生。

5

我们都会经历失恋、失望、失意的阶段，那时乱糟糟的心情根本听不进你的大道理。

这时最需要的不过是亲爱的人轻轻的拥抱、温柔的抚慰，也许还可以再加上一句，无论你做什么决定我都会支持你，陪你。

这些比你那些没有用的大道理更让人感到温暖，因为道理我都懂啊，我只想你现在不由分说地站在我这一边跟我一起咒骂现在让我烦躁的东西，或者买上一大堆好吃的堵住我抱怨的嘴。

最好的感情并不是你嘴上说着为我好，然后用你的方式一直给我爱。

而是哪怕我做了一个错误的决定，我万劫不复，我坠入深渊，但当我回过头时，你依然还在。

我希望你对我好，而不是为我好。

6

我所理解的爱就是毫无目地对你好。

你说痛经，他就马上推掉酒局，回家为你熬红糖水；你说发烧，她就可以推掉聚会，回家为你煲汤。

看到好的风景会记得拍照发给你，听到好笑的段子一定要讲给你听，吃到好吃的店就记得下次带你过来。

每一次逛街都会有一件东西想要买给你，纪念日情人节我都会提前备好礼物，而在那之前我都会说忘了，这样每次都成了意外的惊喜。

甜言蜜语容易，真情实意却很难。

迫不及待地要对你好，因为心里每个念头，都关于你。

爱情太长，情商护航

1

读大学的时候，室友的父母来学校看他。

室友的母亲给他带了很多家乡的小吃，还有一些衣服和鞋子，他们在寝室里家长里短，充满了关爱。

看得出来，他的父母感情很好，也是非常有教养的人。

进宿舍门的时候他们非常礼貌地和我们打招呼，还拿来一些小吃分给我们吃，谈话的时候尽量控制音量，生怕打扰到我们。他的父母有说有笑，对室友的生活和学习问题的意见高度统一，从他们的神态和肢体动作看得出感情很好。

到了中午的时候，他们逛完校园准备去吃饭，本来是家庭聚餐我不便参与，可是室友和我关系很铁，一定要我去。

在我们这群人中，室友的情商已经远远超过了同龄人，无论是老师还是同学都喜欢和他打交道，他的人际交往能力常常让我叹服不已，可是，这次我和他一起去吃饭后，我发现他爸爸的情商才是真的惊为天人！

和他爸爸聊天的感觉像是如沐春风般的温暖，很舒服、很自在，给人的感觉是关注你但又不是刻意关注你。

你说什么他都懂，甚至于你没有完全表达出来的意思他会用更精辟更贴切的语言给你补充，总之就是你说了的和没说的，他都明白。

说件小事吧。

我们到餐馆落座后，他爸爸正在点菜，我起身去上厕所的时候眼睛瞟了一眼邻座上了一盅冬瓜排骨汤，他爸爸察觉到了我这个动作，等我上完厕所回来后，桌子上已经上了一盅热气腾腾的冬瓜排骨汤，我的内心满是欢喜。

他爸爸的情商极高，我瞟一眼他就可以在极短的时间内分辨出我是"无意间看了一眼"还是"也想喝同样的汤"，这么高的情商让我打心眼里佩服他，真的值得我们晚辈去好好学习。

2

我听室友说，他的父母结婚几十年了，从来没有吵过架，主要是他爸情商很高，每次有吵架的苗头，他都会扼杀在摇篮里。

两个人生活不可能没有矛盾，但是即使他们遇到分歧的时候，他爸也会引导他妈静下来讨论，不过这种情况也不多，可能真的是很合适的两个人。

吵架需要两个人，但是停止吵架只需要一个人。

室友说他爸教给他一种很有用的思考模式，那就是换位思考，意思是说当你想说出伤害对方话的时候，先幻想一下自己是他，自己会有什么感受，其实很多事情站到对方角度多想想，一下子就豁然开朗了，也互相理解了。

世界上真的没有那么多事情可吵，无非是两个自私之人只肯站在自己立场考虑问题罢了。

我觉得他爸说的好有道理，这种思考模式对我后来的人生产生了很大的影响。

上班的时候，我会幻想自己如果是老板，我会关心公司的哪些问题，于是我观察老板的行为，并与我的预想做对比，学到了很多管理知识。

谈恋爱的时候，我会幻想自己是女朋友，于是我明白了自己的女朋友有时候为什么会生气，为什么又突然很开心，设身处地地想一想后，我顿悟了很多。

3

参加工作这几年，我又遇到过很多高情商的人，有一个人让我印象非常深刻。

他是一个女同事的老公。

有一次我们部门集体去他们家里聚餐，其中一个同事带女朋友过来了，不想因为一点小事在他们家里吵架，他当时去劝解的时候，对男孩说了一番话让我大为震惊。

　　他说："女人吵架的时候根本不在乎谁对谁错，她们在乎的是男人的态度，为什么他要这么凶地指责我？为什么他要这么咄咄逼人？但是她们一旦冷静下来，面对外人的时候会主动说是自己的错误，说是自己作，是自己事多。别人来劝架或评论的时候，她们热衷于听到别人说：你男朋友对你这么好，你怎么还不知足？她们害怕别人看穿自己的男人根本不爱她。她们对于自己作不作，对不对的问题不在乎，她们在乎的是自己的感觉和男人的态度。而男人更在乎的是结果，你对我错或者你错我对就行了，然后这件事情就算过去了。他们愉快地去干别的事情去了，可是女人却还会为刚才的事情耿耿于怀。男人和女人的思维方式是截然不同的，尤其是吵架的时候，他们在乎的根本不在一个点上。"

　　他的话虽然不能代表全部的人，但是大部分的人确实是这样，他简直比女人还要了解女人，至今我都觉得这段话精彩至极。

　　其实我的那个女同事也是一个爱作的女人，但是她老公从来不会给她扣上无理取闹的帽子，不但会引导她去完整表达自己，而且还会赞赏她作为女人很自然的天性，他从来不会和她在一件事情的对错上争个高低。

　　有一次女同事和我们聚会的时候打升级，她老公和她组队就打

只要在一起，去哪儿都好

得很好，和别人组队就把她虐得很惨。被虐了几次后，很明显看得出来，她黑着脸有点不高兴，她半认真半开玩笑地说："老公，你再不放水你就将永远失去本宝宝了！"

结果，她老公非常机智地回了一句："亲爱的，事实证明我们只适合在一起，无论是打牌还是生活。"

听了老公的话后，她瞬间一扫之前难看的脸色，甜蜜得笑开了花。

她经常会在我们面前夸赞她老公情商高，说他会记得她说过的每件小事，看篮球或足球比赛会给她讲解，会体谅她的心情，比她自己更了解女人，很多事情不需要她矫情说出口，他都懂。

4

讲真，嫁人的时候，男人的情商真的比智商要重要得多。

情商高的人总是很懂你，情商低的人总是逼迫你去懂他。

情商高的人完全没有吵架的欲望，情商低的人就像头蛮牛一直脸红脖子粗的和你对着干。

情商高的人明白你所有笑话的梗，聊天的时候知道你下一句会是什么，情商低的人和你完全不在一个频道上，你明明意思是南，他却偏偏要理解成北，而且你的任何解释他都听不进去。

情商低的男人总以为自己很爱女人，他们往往是以自己认为对的方式去爱她，可是他们不明白其实这并不是女人想要的。

我需要的是梨子，你努力打拼给了我一卡车香蕉，然后你被自己的努力感动了，可是这对于我来说又有什么意义呢？

在爱情里面，情商比很多东西都要重要，和情商高的人在一起一点都不累，他给你前所未有的安全感，在他面前你只需要做真实的自己，时而理性时而感性都会觉得舒适无比。

人生越往后面走，你会发现这些越来越重要。

余生太长，请嫁给一个情商高的男人吧，你会有一种把生活越过越浓的感觉，就像是一颗夹心糖果，从温润到绵柔，最后你被中间甜甜的夹心给融化了！

得不到和已失去，最能暴露本性

1

天下的热恋都是一个模样，而分手时的惨状却各具形态。

有位朋友给我讲过她早年间的一段经历。她谈了一个男朋友，交往了两年，后来朋友觉得确实不适合，就提出了分手。

结果，那个男人恼羞成怒，不断威胁，最后竟要求朋友赔偿他精神损失费 3000 元！朋友至今也想不明白这 3000 元他是如何换算出来的，但我朋友很爽快地把这笔在当年不算多但也不少的钱给他了，从此两人相忘于江湖。

3000 元能解决的事其实根本不算个事，但如果危及生命呢？

曾经的歌坛一姐韦唯远嫁国外，年长她 20 来岁的丈夫将她视若珍宝，并出书《我的中国妻子——韦唯》，在书中，他浪漫表白："我爱你的一切，我是你的崇拜者，你的歌迷，你的奴隶……你想让我做什么人，我就做什么人，不管你上哪儿，我都跟你一起去……"赚尽世人眼泪。他们共育三子，更是羡煞旁人。

然而当韦唯不堪其控制，提出离婚时，平日里温文尔雅的洋老公立刻变身渣男：转移所有财产，抢夺三子抚养权，而且要求韦唯供养他们四人，理由是自己老了，退休金不够吃，并在汽车上屡动手脚，差点使韦唯丧命。

耗时两年，韦唯才抛弃一切，夺得三子，立马回国，惊魂未定。

多么可怕的昔日爱人！

男女之爱是世界上最独特的感情，你侬我侬时，恨不得割肉给对方煲汤；爱寡情淡时，却恨不得从对方身上剐肉煲汤。

2

至高至明日月，至亲至疏夫妻。

人呐，有很多个面，我们可以是单位里的"优秀职工"，可以是邻里口中的"好人"，也可以是朋友眼里的"老铁"，更可以是父母心里的"孝子"……

我们看起来有很多张底牌，每一张底牌都能展现我们不同的人品，但有一张底牌最能看出你真实的人品，那就是分手后的你。

在演艺道路上一路凯歌的文章在出轨被曝光后立马抛弃姚笛，回到马伊琍身边上演再度求婚的戏码。陶喆出轨被曝光后立即召开记者招待会，把微信骚聊做成 PPT 昭告天下：我是被迫勃起！爱情本美好，奈何人渣多。一个在爱情里来来去去毫无担当可言，不尊重自己的爱人，甚至不尊重第三者的人，其真实的人品可见一斑。

而我们的身边，也有很多令人心寒的事例：有人在离婚后连孩子的暖水壶都要摔碎，理由是不会让对方带走一点东西。有人在分手后连洗衣机、电视机都要一一算账然后平分。有人在分手后泼辣凶悍，一哭二闹三上吊，以死相逼。有人为独吞财产，蒙骗对方假离婚，实际上弄假成真，逼得对方净身出户……

青面獠牙，不堪入目，步步相逼，置于死地。

3

木心先生曾说过：好的爱情到最后，都是智慧和情怀。

张爱玲知道胡兰成是汉奸，是浪子，是一个爱她而又自卑的男人。他曾靠张爱玲的救济生活，却转而投入其他女人怀抱。而张爱玲至死也未曾说过胡兰成一句坏话，唯独留下一句"因为懂得，所以慈悲"来令世人感慨不已，而胡对张也满是赞誉与歉意。

金岳霖爱着林徽因，被拒绝而终生未婚，但他始终跟随在林的身边，成为她固定的"好邻居"，甚至当林徽因和梁思成发生矛盾时，都要来"主持公道"。金岳霖用最纯最柔的爱守护了林的一生，直至林去世，他挥泪写下挽联"一身诗意千寻瀑，万古人间四月天"。

我们一生会失去很多东西，失去青春、工作、荣誉、金钱，甚至生命，我们大度，我们打落牙齿和血吞，我们其实能容忍很多"失去"，但为什么我们不能容忍失去爱情，一定要把曾经最亲密的欢愉变成一场最狠的厮杀？

因为只有"得不到"和"已失去"才最能暴露本性。

4

我的一个好朋友离婚了，两口子相伴十多年，只有一车一房。离婚时，男人怕女人经济拮据，主动要车不要房；女人怕男人生活窘迫，偷偷地为他买了一份保险，直到男人经济宽裕才告知。我看得心酸，听得垂泪。情虽不在，义仍继续。

爱一个人，就是一场赌注，有人春暖花开，有人万劫不复，差别在哪里？差别就在于彼此有没有一颗慈悲之心。

TA若对前任深藏情义且止于现实，你也别恼，因为以后TA对你必定用情更深；TA若对前任痛下狠手，恩断义绝，占尽便宜，你也别得意，风水轮流转，迟早轮到你。

如何对待爱，如何对待不爱，才是我们人性里最后一张底牌，当这张底牌亮出来时，你才会惊讶于自己的恶毒、自私、冷酷、无情……而这些渣的言行，在你其他生活领域里是看不到的。

爱了就爱了，无悔付出，全心全意；散了就散了，一别两宽，各生欢喜。

不必费尽心力去否定曾经的自己，也不必用尽手段去伤害曾经温暖过你的那个人。爱就算不在了，也别变成恨。

能与自己讲和，与曾经讲和，这样的分手状态才能决定你今后的人生，能赢。

昔日红泥小火炉，今朝千山寒飞雪。评判人品优与劣，全在世人一念间。人生难测，缘起缘灭，若还能在街角相遇，也能心平气和地打声招呼：

哦，原来你也在这里。

还好，那些孤单只是开始

苏木青特别让人羡慕的是她从来都不怕孤单，而且非常享受孤独。她总是一个人远远地走在前头，让人感叹她怎么能把日子过得那么精彩。

具体来说，当我们还在为自己一个星期看了三本从图书馆借的书而骄傲的时候，她已经成了图书馆的兼职，一天读一本了；当我们战战兢兢地拿着传单，第一次在马路上发给那些目不斜视的陌生人时，她已经有了自己的小公司，专门组织大学生兼职，发传单和做卖场导购了；当我们决定拿着爸妈的钱，到周边的城市转转时，她已经拿着自己赚的钱一个人新马泰自由行了。

一个人旅行不孤单吗？我问她。

一个人就可以看自己想看的风景，走自己想走的路，这么快乐的事，怎么会孤单呢？

她就是这样一个特立独行的人，爱孤单，爱自由。

苏木青的自由，结束于一场特狗血的相遇。

那时候，我们已经毕业了，我去了北京，她也把公司做得风生水起。

那天，她公司里一个要去发传单的姑娘，突然有事，苏木青就去顶了班。

她站在步行街中间，一路看对面的那对男女，女的一会儿进这家店，一会儿进那家店。男人跟在身后，拎着大包小包的东西，还不时接着电话。

本来应该是稍显狼狈的场景，可苏木青还是觉得那男人骨子里透出一种吸引她的自在。

苏木青不由自主地走了过去。

然后听到了他对女人说，真的要去公司了，他们都在等我。

女人说，反正是你出钱的公司，就让他们等会儿。

男人说，那怎么行呢，一定要回去了。

女人说，你要是回去，我们就分手。

男人愣了一会儿，走了过来，把手里的大包小包放到女人手里，哄着她说，真得回去。

女人抬起下巴，骄傲地说，那好吧，分手了。

男人在那儿站了挺长时间，直到苏木青把一张传单塞到他手里，才转身离开。

苏木青觉得，那男人站在那里静默与悲伤的时刻，让她觉得好像是自己在谈恋爱一样，刻骨铭心。

后来，苏木青意外地发现那男人的工作室，就在自己公司楼上。

她向门口的大爷和打扫卫生的阿姨打听了，于是知道那是三个学设计的大学毕业生一年前开的公司，也没什么生意。

赚不到钱的。阿姨摇着头对苏木青说。

苏木青第二天就敲开了那个公司的门，说自己是楼下公司的，想请他们设计一个传单的页面。

房间里的三个人，立马把她当成贵客一样接待。

虽然苏木青刚毕业，但她的小公司已经开了几年，有了很多的人脉。

而她毫无保留地介绍给了男人的工作室。

男人的工作室一天一天好起来。

而苏木青和男人也从朋友到相互喜欢；从相互喜欢又发展成了情侣。

可是苏木青不能再飞了。

她成了大厨和送餐妹，因为她舍不得男朋友埋头设计时，总忘了吃饭；她成了业务员，因为只要来她公司的客户，她都要热情地推荐男朋友的工作室；她还是军师，在男朋友团队每一次出征前，都绞尽脑汁、出谋划策。

我们说这下好了，两个人总不会孤单。

苏木青想了很久说，我为他做了这么多，可我觉得孤单了。

但我又舍不得让他孤单，那就让我一个人孤单吧。

只要在一起，去哪儿都好

爱情很多时候就是一种舍不得。

你对面的那个人，不管个子有多高，能力有多强，你还是会舍不得。

舍不得在下雨天，让他淋雨；舍不得加班后，他只吃一碗方便面；舍不得天冷的时候，他还只穿一件衬衫。

就是因为这些不舍，你愿意改变自己早已打磨成形的棱角，放弃早就习惯并喜欢的生活方式。

哪怕让自己孤单，哪怕不能自在地飞翔，你还愿意捧着一颗心，让那个你爱的人不孤单。

苏木青就像爱上了鱼的飞鸟，放缓了翅膀扇动的速度在水面低回。

不过故事还是有个 happy ending 的。

在男朋友工作室创立两年之际，他们终于拿下了一个大项目。

项目收工的时候，工作室的三个人颁给苏木青一个特别贡献大奖——北海道的双人七日自由行。

苏木青终于又能展开翅膀自由飞翔了，意外的是，男朋友竟然和她一样是个爱旅行的家伙。

原来，好的爱情是，虽然我暂时不能同等回报你，但你的付出和不舍，我都看在眼里，记在心里，总有一天，我会让你知道，你做的一切，我都知道，而且我也和你一样舍不得。

还好，苏木青爱上的不是海里的鱼，而是正在海里抓鱼的鸟，而以后的日子，他们可以并肩在天空中自由翱翔了。

　　还好，那些孤单只是故事的开始，而未来的日子他们将相伴着走向远方。

有关爱情

1

在付出一份感情的时候，我们尊重对方，也就等于尊重我们自己。

我们分辨，在爱里，我们是不是用一种真诚的感情去付出，或是抱着一时好玩、欺骗、戏弄的心理。

爱是有责任的，这种责任，就是对这份感情的真诚和尊重。

2

真正的爱情不是滥情，不是激情。

真正的爱情可以帮助你在心理上逐渐成熟，了解到爱的责任，并且从这份爱中享受到一种坦然的快乐。

而在爱情的发展过程中，相互督促、相互勉励，成为彼此不断成长的助力。这个爱不是剥夺，而是一种获得。这种获得包括心理上的成熟，包括了知识、气质和人生观，能带给你愉快、安全及平和的心态。

3

许多女性往往把对方的身份、地位、背景、财富作为择偶的标准，这种带有条件的爱情真挚吗？

需要考虑的是，万一这些条件半途消失的话，这份爱情还存在吗？

有点比较令人悲哀的是，人若对物质、名利追求得太过分的话，爱的本质就会受到损伤，人再无法享受到纯真的爱。

爱还是有条件的，但不是完全建立在对方的家世背景之上，而在于俩人个性是否相适合，兴趣是否相投，知识水准是否相近，心灵是否相通。

然而，不论怎么相爱的人，婚后仍然需要不断协调，不断适应。婚姻生活最直接地教导我们人际关系的沟通与和谐，以及如何调适自我。

婚姻能够使人在思想及心理上成熟，原因也在于此。

只要在一起，去哪儿都好

最美的告白

盛夏，周一，办公室，我作为新同事第一天报到上岗，中外老板齐齐聚面的例会现场，她穿着粉色印花若隐若现小吊带，露出雪白的胳膊。

老板叫："林嘉嘉，开会！"她懒洋洋地站起身，还不忘斜着眼打量我，我穿着白衬衫一步裙，标准的职业装。我们的目光在拥挤逼仄的空间撞上，一瞬间噼里啪啦，彼此都看对方不顺眼，我觉得她举止轻慢，她觉得我土得掉渣。

多年后，再说起那件粉色印花若隐若现小吊带，她鄙视我，"那是慕诗的啊，顾曲，你个土人！"

林嘉嘉一季的置装费就可以抵一般姑娘的三年，包括我，直到现在都是如此。

这个故事其实和灰姑娘无关。

灰姑娘是指无权无势，各方面都平凡到路人甲，却爱上白马王子的姑娘，而林嘉嘉是个公主，当然我不认为她是个公主，我觉得公主应该很优雅，林嘉嘉和优雅这个词一毛钱关系也没有，她钟爱大摆，花哨，到处都有流苏的衣服，至于颜色，最好能刺到眼睛痛。

她压根就是个吉普赛女郎 2.0 版，那天晚上我们在上海的酒吧，她就穿着一身这样的衣服。寒冬腊月，她袖子如花朵般盛开，只要一抬手，就退到胳膊肘，露出纤细的手腕，在迷离的灯光下皓白如雪。她左手抓扎啤右手抓红酒，仰天狂笑，"哈哈哈，我是六六六，你输了，喝！喝！喝！"如果林嘉嘉此时脑袋上戴个绒球帽，酒吧改名为井冈山，就与她此时的雄赳赳更匹配了。

　　桌子上的酒瓶呈放射状，我抢过酒杯一饮而尽，受吉普赛女郎 2.0 版影响，我也已经玩疯。

　　为什么像我这样别扭的姑娘会和她一起在酒吧里发疯，已经完全不记得，只记得随着夜越来越深，晕乎乎的脑子忽然想起还有一个 PPT 要做，瞬间吓出一身冷汗。这个时候旁边有个好听的男声问：

　　"小姐们，拼桌一起玩好吗？"我抬头，好听的男声来自一个好看的男人，不过好看的男人看的是林嘉嘉。"他好看？"后来林嘉嘉怪叫着反问我，"两尺一寸的小蛮腰，好看？"

　　刘卷卷同学到底是否两尺一寸小蛮腰我不知道，但是我知道林嘉嘉最讨厌的就是男人玉树临风一朵花似的清秀，她喜欢孔武有力的男人，身高必须要在一米七七至一米七九之间，体重必须要在 70 公斤到 75 公斤之间，肩要宽，腿要长，摸上去要有弹性，棒棒哒。我说："啊，不就是舞男嘛。"林嘉嘉叫我滚。而刘卷卷目测大约只有一米七，体重在 55 公斤至 62 公斤，一笑露出一颗不怀好意的

只要在一起，去哪儿都好

小虎牙，还长着叫林嘉嘉无法忍受的两尺一寸小蛮腰，总而言之，他不是她那盘菜。

两张桌子拼到了一起，人群的壮大让情绪更高涨了，摇骰子，划拳，拼酒。等大家终于熬不住各自四散已经是凌晨，每个人都看出刘卷卷对林嘉嘉的那点小心思，撤得毫不犹豫，只有我留在最后，我头很晕，眼昏花，只剩下最后一丝清醒提醒着自己不应该走。刘卷卷说，他和林嘉嘉顺路，他会负责将她送回去。我傻呵呵地点头，等出租车绝尘而去，我才后知后觉地想起来，什么顺路？这次上海出差，我和嘉嘉明明住在同一个旅馆同一个房间！

不过刘卷卷才两尺一寸的腰，应该坏不到哪里去，我只能这样安慰自己。嘉嘉到第二天下午才回来。"开……开房了？"我连话都已经说不利索。她"嗯"了一声。"怎么……怎么？什么感觉？"我本来想问怎么样，话出口发现不对，临时改口，但好像改了仍旧不对。

"想什么呢你，两个房间！"

好！刘卷卷不错，加一分。后来我又把这一分扣掉了，真实的版本是，车快开到酒店门口时，刘卷卷拍醒林嘉嘉，要她的身份证，酒醉的林大小姐瞬间醒来，大惊："你要带我开房？"

刘卷卷从鼻子里往外冷哼："你做梦，两个房间！"

完全不是我想象中的温柔呵护调调，而是霸道总裁爱上小白兔的调调，可惜林嘉嘉不是小白兔，她是吉普赛女郎 2.0 版。一回到杭州她就把这事忘了个干净，一门心思地筹划史上最浪漫情人节。

嘉嘉有个男朋友，其时已经走到感情的尽头，不过林大小姐反射弧比较长，还在一门心思想着和办公室其他女生别苗头。

办公室里有一大半都是未婚姑娘，这天谁收到的花最大最美丽是可以炫耀好久的事情，但这天从上午等到中午，再等到下午，日头都西斜了，嘉嘉的男友并没有送花来。

时钟跳过 17:30，大家开始取笑她，嘉嘉同学平时太过嚣张，好不容易落下把柄，此时不落井下石更待何时？正在我想着怎么替她解围时，有小哥手捧一大束蓝色妖姬敲门进入："谁是林嘉嘉小姐？"

蓝色妖姬！情人节的蓝色妖姬已经炒到天价，办公室里立即炸锅，这束横空出世的蓝色妖姬瞬间秒杀所有的红玫瑰白玫瑰黄玫瑰。这束昂贵的蓝色妖姬就是刘卷卷送的，他留言说已经在外面等着，要接嘉嘉去吃晚饭。"他怎么知道我的办公室地址？"嘉嘉变色，接着愤怒："他怎么知道我今晚没人约？"

我觉得嘉嘉更气愤的应该是后面那条，男友无故失踪的委屈，等待一天的焦躁，此时全部幻化成对狂蜂浪蝶的杀无赦，嘉嘉赴约时的脸色好比屠夫上刑场，杀气腾腾。

我很担心刘卷卷的小蛮腰，很担心。

只要在一起，去哪儿都好

　　两个小时后，接到嘉嘉电话说已经到家。"啊，他送你回家了？"我诧异，这么乖？"我说我和其他男人还有约，"嘉嘉得意扬扬，"还有，我和他说我已经不是处女了。"

　　我的脑袋"嗡"的一声，血压瞬间升高20%："你说你什么？""我已经不是处女，"嘉嘉完全不知道电话那头的我已经要羊癫疯发作，"我告诉刘卷卷我交过两个男朋友。""一个！"我咬牙切齿。"有什么不一样，反正已经不是处女啦。"

　　我捧着头，多少有点明白这姑娘的心思了，她大概想把自己说得烂一点借此打发掉所有不入眼的两尺一寸小蛮腰。"刘卷卷逃掉了？"我的声音已经不像是自己的，难怪两个小时就把她送回家，能撑这么久已经实属不易。

　　"没，他说'哦，才两个啊，不多嘛'。"嘉嘉的声音里全是茫然。我一愣，然后放声大笑，好，刘卷卷，再给你加一分！

　　第二天我接到刘卷卷的电话，不要问我他是怎么得到我的联系方式，一个男人如果真心想要找一个女人，翻遍全世界都找得到她，刘卷卷说他已经知道嘉嘉有男朋友，他不会再打扰她，但是他会一直和我们保持联系，如果嘉嘉有任何难题，叫我立马拨他电话，最后他说，他会等下去。

　　什么叫等下去？我当时想，等下去是多久？一个月，两个月，还是三个月？我赌刘卷卷撑不过三个月。在这个信息爆炸的年代，三个月已经很长了。但挂掉电话后，不知道为什么我有点坐立难安，虽然我还是觉得刘卷卷说那句"等下去"的话也就是说说而已，可还是本能地觉得有什么不对劲，那种风吹草动，煞气从远远的天边席卷而来的不对劲，就觉得收复林嘉嘉这只吉普赛 2.0 版妖孽的天神已经横空出世。

后来的事实证明，刘卷卷等了嘉嘉十年。十年！我一直固执地认为，十年基本就是个等同于一生的数字。

那年的 2 月 14 日，刘卷卷在得知林嘉嘉已经不是处女，交过两个男朋友，并且还讨厌他的小蛮腰后说："你一定会是我的老婆。"

"他脑子一定有问题。"后来的十年间，嘉嘉但凡谈到刘卷卷都会以这句话严肃地结尾。

刘卷卷开始以朋友的身份出现在嘉嘉的生活里，每隔一个月从上海来一趟杭州，请嘉嘉吃饭，听嘉嘉骂老板骂同事骂男人，然后撤退，隔一个月再过来，保持着不远不近，如沐春风的节奏。

半年后，林嘉嘉知道其男友一只脚踩两条船，两人分手。分手一周后，林嘉嘉胃出血从床上跌落，打电话给前男友，那人冷血地说："胃痛，去医院啊，我又不是医生。"

很对，所以姑娘们要记住，再是浑身是血，只给在乎你的男人打电话！

嘉嘉打电话给我，我在出差，一个电话直呼刘卷卷。

刘卷卷赶来杭州，冲进嘉嘉的房间，将已经胃疼好几天，浑身脱力的她小心翼翼地抱起驮在背上，一步步背下五楼。

背下五楼！

据说相亲市场有个不成文的规定：男方请女方吃三次饭，两人就该上床！而他将她背下五楼，一步一步，每一步都担心因为种种原因她会从自己的背上跌落。两相比较，你会明白什么叫珍若拱璧。"都是骨头，他的腰就那么点，"嘉嘉后来嫌弃地告诉我，"疼得很。"可是她从此再没取笑过刘卷卷两尺一寸的小蛮腰。

嘉嘉动了手术，他在医院陪了她一周，做了一个男朋友应该做的所有事，把屎把尿，陪夜吊点滴。嘉嘉这个神经病醒过来后第一句话居然依旧张牙舞爪："嘿，怎么又是你，我和你说过了，我已经不是……"

"处女，"刘卷卷一口截断她，"张嘴啊……"他正吹凉了粥喂她喝，粥的味道香喷喷，他的表情也是香喷喷，就是那种最无辜没有任何杀伤力的和善表情，她只能先闭嘴。

这个世界有情比金坚的男子，很多很多，只是他们总是长着不讨姑娘们喜欢的外形，比方说两尺一寸的小蛮腰。

嘉嘉出院后就和刘卷卷在一起了，就像所有的童话故事，从此以后王子和公主幸福地生活在了一起，然后呢……然后的事情属于真实的成人世界。两年后，林嘉嘉提出分手。

"为什么？"我大惊。"我这个类型始终不是她倾心的。"刘卷卷说。"我只想忠诚于我内心的感觉。"林嘉嘉说。

屁个感觉，你就是喜欢舞男款而已，我在心中说。但有位先贤说，所谓一见钟情，钟情的是脸，这是生物本性，也是最诚实的感受，除了仰天叹息我什么都做不了。

他们分手四年后，有一天我突然接到刘卷卷的电话，扯过所有你好我好大家好的废话后，他终于艰涩地问："顾曲，你说我还要再等下去吗？"

"别等了，"我清晰地说，"去过自己的日子。"去过自己的日子，让那个姑娘看到没了她，你也可以过得很好。"没了她，我不可能过得好。"刘卷卷如此说，说的时候心平气和。

我恻然，他们说所有真正的爱情都是一个模样，他不会大吼大叫，他永远心平气和，因为他不需要说服谁，更加不需要说服自己。

刘卷卷终于有了新女友，对此林嘉嘉长长吁出一口气："太好了，这样我可以少歉疚点。"游戏人间的嘉嘉公主也终于等到了一直想要的那种高大威猛的男人。

男人会开着跑车带她飙车，会包下整个沙滩掐着时间点燃漫天的烟火，甚至会在初雪时跑到她楼下堆一个雪人，我对此很不屑，堆个雪人？又不是 16 岁——还有没有更做作的戏码？你以为演八点档肥皂剧呐。

男人和嘉嘉天雷勾地火般地烧了八个月，然后突然烟消云散。这个结局我早料到，但我没料到的是这次嘉嘉重创，分手时她的脸像猪头一样肿了起来，整个人都变形了。

医生说激怒攻心，引起内分泌紊乱，轻则三个月，重则不知道多久，且会有并发症。

嘉嘉浑身无力，我没办法整天陪她，她的父母又远在其他城市。

"给卷卷打电话？"我建议。

"不！"她一口拒绝。

"没脸？"

她诚实地点点头。

我跑去走廊给刘卷卷发短信："她生病，但拒绝见你，说没脸。"

回复只有四个字："我马上来。"

他马上来——从嘉嘉和他初遇，如今掐指一算已经过去七八年，嘉嘉早已经不复当年的青春貌美，但他待她自始至终，永远放在首位，一个电话，万水千山地扑过来。

卷卷再次赶来杭州，他露面后对嘉嘉郑重地说："我说会等你，但这是我自己做的决定，与你无关，你不用有负担。"

我爱你，与你无关。

我决定等你，与你无关。

至于你爱不爱我，我不介意。

嘉嘉扬起肿得像猪头一样的脸，想要冷哼，哼的同时泪水落下。

又过了两年，他向她求婚。

为什么又再等了两年？卷卷说是等嘉嘉平静，他将一切都包容掉，包括她的情绪、她的沧桑甚至包括她没有对他一见倾心。

求婚的那天，他穿上大白兔的服装，屁股上有个球的那种，包了一辆快要退役的 206 路公共汽车，将她哄上汽车，然后他戴上硕大的兔子头套，拍拍两手，一蹦一跳地出现，从公车的前头跳到后头，后头跳到前头，嘉嘉愕然，她的手放在心口，脚掌向外，完全是个要逃跑的姿势。

刘卷卷扭着两尺一寸小蛮腰荒腔走板地唱："春天花会开，鸟儿自由自在……"他踩着节拍往前蹦跶两下："我还是在等待，等待我的爱……"他踩着节拍往左面横跨一步，再收回来，半蹲下，两手呈绿叶状，托着胖胖兔头继续唱："快说 Yes，Yes，Yes！"

林嘉嘉指着刘卷卷开始哈哈哈地笑。

能让你笑的，就是爱。

能让你笑的，就说 Yes。

林嘉嘉笑眯眯地说了 Yes。

我们都不会去等一个根本不爱自己的人十年，所以我们都不是刘卷卷。

每个人都说过爱，也都听人说过爱我们，但是我们谁都不等。

我们总是急着爱，急着确定，急着结婚，或者急着分手，再急着平静，随即几个月后就可以像没事人一样开始新一轮恋情，我们从来不知道等待为何物，我们没有耐心，我们冷酷、坚强，转头即忘，我们是 21 世纪的产物，我们从不等待，也从来没有被人等过。

然后我们抱怨，这个世界越来越冷漠越来越浮躁，没有温柔，没有欲说还休。村上春树的爱情，只存在小说里，我们从来不找自己的问题，其实我们缺少的只是刘卷卷的勇气，一个人，明知道不可能，但就是等下去，那种名为"单纯"的勇气。

卷卷露着他的小虎牙，嘿嘿地笑："除了嘉嘉，和其他姑娘在一起才需要勇气。"

这个世界上总有一个人能叫你温柔相待，对于刘卷卷来说，他所有的温柔名叫：林嘉嘉。

青春如刀，等待始终是其中最美的告白。

每一个父亲，
都是孩子的伞

如果生活注定艰辛，那么，父亲就是点亮光明的那个人。

每一个父亲，都是孩子的伞

1

看过电影《美丽人生》吗？

法西斯政权下，犹太人圭多和儿子被送往集中营，圭多编了个美丽的童话，告诉儿子这只是一场游戏，只要最后获得 1000 分，奖品是一辆大坦克。

集中营的生活黑暗艰苦，儿子却在爸爸的善意谎言下保持天真快乐，无忧无虑地生活在纳粹阴霾之下。

他相信了，以为那些端着枪的士兵，只是为了配合游戏来维持秩序。

他相信爸爸的话，以为那些被带入毒气室的小孩，只是玩捉迷藏躲了起来，如果被找到是要扣分的。

最后，美国大兵开着坦克出现，小男孩惊喜万分，扑到妈妈怀里幸福地喊"我们赢了"，他不知道，爸爸不会再回来了。直到临死前，圭多仍给儿子留下一个乐观、快乐的形象。

了不起的爸爸圭多，替儿子遮风挡雨，为儿子撑起一片晴朗天空。

圭多无疑是伟大的，那么，现实生活里的普通父亲，是不是平淡无奇？

2

下午接女儿放学，几个小朋友不想回家，在幼儿园门口的草坪上追逐打闹。不远处有一串别人不要的气球，大概二三十个捆绑在一起，沾了些灰尘，有点乱有点脏。

街对面工地上有个建筑工人跑过来，拉起那串气球绑在树上，又返回了工地。我想大概他怕气球被风吹到大路上，影响交通吧。

孩子们玩了一会，有人发现了围在树干上的气球，于是把它们解下来举到头顶迎风奔跑，其他小朋友紧随其后，好不热闹。差不多一个小时后，刚刚绑气球的工人来了，站在我们旁边看着孩子玩气球，不出声，但面色焦急。

我很好奇，问这几个孩子里是不是有他家孩子，他说不是，他想等孩子们玩够了之后拿到那个气球，带回家给儿子和女儿玩。

他略带卑微地问："怪我没本事，没办法让孩子在这么漂亮又干净的公家幼儿园上学，这个气球你们不要吧？让我带回去给孩子当玩具吧？"

我连忙说"可以可以"，带着孩子们去玩其他游戏，他拖着气球大步走了。他还戴着安全帽，工装上全是白灰，大概是要匆忙回家吃个晚饭再回来继续干活吧。

这是位极为平凡的爸爸，工作风餐露宿，辛苦且危险，他用身躯为孩子撑起保护伞，尽自己所能让孩子的世界绚丽多姿。

3

我想起了我的爸爸。

我刚出生没多久，家人一致决定把我送人，因为是丫头，又是老二，他们想继续生直到生个男孩为止，但家里太穷养不起多个孩子。于是他们选了另一个村子里一户喜欢姑娘的人家，准备把我送给他家养。

我爸妈抱着我到了人家家里，放下就走，然而我爸却一边走一边哭，走到半道儿又折回去，跟对方说反悔了，把我带回了家，说砸锅卖铁也要把几个孩子好好养大。

他除了干家里的农活，还去承包了村里的三口机井，那时候我们经历过几次机井零件被偷事件后，他天天晚上睡在地里看着，不管冬夏。碰到下雨天，也没人浇地，他就把贵重零件拆了带回家。好几年，一直如此。

农闲时，他会替要盖新房的人家去打小工，跟着工头在市内跑，做些零星的泥水杂活。扭过腰，落下了病根。

虽然小时候家里很穷，但我们姐弟基本没吃过什么苦，毕业后都脱离了农村生活。一个一辈子在农村靠天吃饭的男人，把几个子女保护得非常好。

贫穷压力下的坚强支撑和温柔守护，是这个不善表达感情的朴实父亲，用大半生心血为孩子们撑起的保护伞。

4

小时候，父亲的隐忍是爱。成家后，男人对女儿的宠溺，也是爱。

老公一直驻外，每次回来时，箱子里装满了陆陆续续买给宝贝闺女的礼物，通常是些小姑娘喜欢的华而不实的小玩意儿。

在家待的日子里，他能把她宠到天上去，要啥给啥。深夜她说想吃蛋糕，他就立刻开车出去跑再远也要买到；她说想要某个玩具，他就带着她出门去超市找；她看电视上有摩天轮说从没坐过，他吃完饭就拉着我们去儿童乐园。

再次离别时是凌晨，老公收拾好行李箱，进卧室对已经熟睡的女儿亲了又亲，下了楼之后又返回来，再依依不舍地亲一次，我为之动容，接着心酸。

经常能看到这样的场景：父亲和四五岁的儿子久别重逢，抱在一起不肯撒手，爸爸让儿子骑在头上舍不得放下来，或者把已经长大的闺女公主抱在怀里，这么大了就是不让她自己走路，又或者娇惯着孩子，任他撒娇捣蛋甚至抓脸揪胡子。

这种予取予求的宠溺和想念时却不可见的辛苦，真的，我都特别能理解。

　　很多年轻的爸爸背井离乡在外打拼，忍受孤独和艰辛，只想为孩子拼一个更好的未来。

　　如果生活注定艰辛，那么，父亲就是点亮光明的那个人，以实际行动教会孩子，用微笑和坚强面对人生。

　　父亲是孩子的保护伞，伞下是美丽人生。

　　人生很美丽，因为平凡又伟大的父爱，发着光。

有了爱，我才会有力量

"妈妈，你要记得我。"这句话不是一个幼儿跟妈妈撒娇的话，而是一个 72 岁的儿子向 92 岁的老母亲说的话。

这个 72 岁的老人是我的爸爸，这句话是他现在每天向得了老年痴呆的奶奶说的话。

奶奶的身体一直很硬朗。但是，今年初，奶奶不小心摔了一跤后，就卧床不起。尽管爸爸和家人悉心照顾，奶奶的健康状况依然日渐衰退。到 4 月份的时候，奶奶已经发展到认不出亲人的地步，除了我的爸爸。但是，就在上个月，奶奶连我爸爸也认不出来了。于是，每天爸爸给奶奶喂饭的时候，就有这样的对话：

"你是谁？为什么喂我吃饭？"

"妈妈，我是您的老大茂儿。"

"你骗我，你的头发那么白，不是我家老大。"

"妈妈，我也老了。"

"骗人，我的儿子比你年轻太多。没有白头发。"

"妈妈，你要记得我。我是茂儿。"

"骗人，茂儿没有白头发。"

至此，奶奶唯一认得的儿子都认不了了。医生说，这是奶奶老年痴呆加重的迹象，治不了。可是，爸爸不甘心，每次喂饭结束，总是跟奶奶说，"妈妈，你要记得我"。

　　是的，爸爸怎么甘心，他最敬重的老母亲居然认不出他了！从爸爸懂事开始，他已经习惯替奶奶分忧解难。几十年来，爸爸就是家中的顶梁柱。爸以前说过，他人生的大部分时光，都奉献给工作和奶奶了。

　　曾经，为了奶奶不那么辛苦，爸爸一再推迟结婚。爸爸一共七个兄弟姐妹，但是因为爷爷走得早，爸爸很早就担起养家重任，以致到 30 岁才结婚。所以，爸爸生下他的第一个孩子（也就是我）的时候，他很多同龄人的孩子已经上学了。

　　但是，爸爸说，他没有后悔，因为他是奶奶的大儿子，他得担着。这样一担就是 20 年。直到爸爸最小的弟弟结婚成家，爸爸才完成对兄妹的照顾，把奶奶接到县城颐养天年。

　　在爸爸无微不至的照顾下，奶奶的身体特别好。摔跤之前，奶奶还能爬楼梯，逛市场，思维清晰，认知正常。

　　曾经，为了照顾奶奶，爸爸学习科学养生，学习太极拳。这些技能学会了，爸爸就用来教奶奶。每天早上，家里顶楼上，这一对母子都在打太极，晨曦下微风吹过，白发苍苍的两母子在晨练，这分明是人世间最美的风景。周末，爸爸还会带奶奶去附近的寺庙走

每一个父亲，都是孩子的伞

走看看，但是，从不上香。奶奶偶尔说："茂儿，去上柱香呗。""妈妈，你就是我的神仙，保佑我。"每每此时，奶奶就笑得像一朵盛开的菊花，灿烂无比。

但是，现在，奶奶居然认不出自己的儿子了，爸爸变得落寞而不甘。直到有一天，爸爸去染了黑发，事情才有了转机。那天，奶奶看着满头黑发的爸爸，突然就咧开嘴笑了，"茂儿，你回来了。"爸爸的眼眶突然就湿了。也许，在奶奶记忆里，她的思维永远停留在了儿子年轻的时段里了吧。

终于，爸爸不再那么惶恐奶奶有一天会离开了，因为奶奶认得他，奶奶走的时候，一定是温暖的；因为奶奶的记忆里带着他、带着家、带着爱，就算往生了都会很幸福的。

而爸爸终究也还是属于我的。因为言传身教，我懂得了爱，懂得了孝敬父母、热爱工作；懂得了有父母的地方，家就是圆满的；懂得了人生，因为爱，会变得丰盈有力量。

爸爸，谢谢您，我爱您！

当外婆风华正茂之时

1

尽管从小与外婆一起生活了六年，此后也时常见面，但张哲却从未试图与这位大自己五轮的老人真正交流过。在他的心目中，当了一辈子小学老师的外婆自带一种"生硬的气场"，何况还操着一口难懂的方言。

事实上，除了特别严厉之外，当过记者、编辑的张哲从未觉得自己的外婆有任何特别之处，直到他发现了一本70多年前的毕业纪念册。

一本不及A4纸一半大的小册子，用深蓝色的布包裹着，一端用褐色的绳子穿过。

翻开又轻又薄的纸张，毛笔写就的赠言各有风致："在艰难与破坏中的建设，是真正的、有价值玩味的""读书犹如金字塔""一分努力，一分报答"……

所有的留言都是写给外婆刘梅香的。1945年，22岁的梅香同学从浙江省湘湖师范学校毕业。

去年12月的一天，张哲接到妈妈打来的电话，说外婆摔倒了，他急火火地赶到医院。病床上的外婆让他揪心，尽管一直以来，这个内向的文艺青年并不觉得和外婆有多亲近。也许是因为外婆的暴脾气。

相传"文革"时，有学生在课堂上站起来大喊："打倒坏分子刘梅香！"当了一辈子班主任的外婆不动声色，一个黑板擦飞过去。甚至她原本的姓氏"刘"也被牛脾气盖过，有人干脆喊她"牛老师"。

除了逢年过节给外婆打电话，张哲很少与外婆有其他交流。这次张哲担负起了帮外婆找通讯录的重任，这让他与承载外婆青春的毕业纪念册不期而遇。

让他吃惊的是，纪念册中的留言字体各不相同，有的遒劲挺拔，有的挥洒飘逸，有的豪放不羁，有的娟秀雅致，每一篇都堪比书法作品。每条留言最后，都有署名和印章，留言者和张哲的外婆刘梅香一样，都是再普通不过的农家孩子，留言时间是抗日战争胜利前夕。

"如果不是这确凿的物证，我根本不知道要怎样去想象，眼前这位老妇人也有过意气风发的年代。"张哲说。

2

外婆奇迹般好起来以后，张哲以堪比抢救文物的急迫心情，"抢救"外婆的记忆。

外婆的求学生涯是在逃难中度过的。1942 年，外婆入学不到一年，暂设在浙江松阳古市镇附近广因寺里的湘湖师范遭日军轰炸，七人被炸死，血肉飞到树上挂起来，是胆子大的老师和同学将其取下，一块一块运出去埋掉的。随后，全校师生继续南迁，流亡办学。到抗战胜利前一个月外婆毕业时，学校已数次更换校址。也是在这期间，外婆结识了毕业纪念册里的同学……

这一天，张哲与外婆一直聊到晚上 8 点。此前，他从未与外婆有过如此长时间的交流。

3

外婆最难忘的两段日子，一段是在湘湖师范读书，另一段是"文革"。"文革"时，害怕抄家时惹事，外婆狠心剪掉了她和外公穿婚纱、西服的结婚照，烧掉了线装本《红楼梦》。张哲妈妈王冰芳读《红日》时被发现，外婆喊着"毒草"把书扯了个稀巴烂。

但一到学校，外婆就变成了天不怕地不怕的"牛老师"。有一天，那时已是中年妇女的外婆正在上课，窗外有其他班的学生探进头，鼓动本班的学生到街上闹革命去。外婆放下点名册，平静地对学生们讲了自己的两个原则：

"第一，不管怎么样，我还是按照教学计划上课，只要下面有一个学生，我就照样上。如果一个学生都没有，我就站在教室里，站到下课再走。第二，不上课可以，但是将来要找我补课，我是不给补的。"

班上的同学都留了下来，刘老师却没有兑现不补课的承诺。即便在停课闹革命时，她也把学生叫来，说："所有学校都停课了，我给你们上课吧。"

因为心直口快容易得罪人，她毕业后辗转换了三所小学才安定下来，教到退休。如今，她的最后一届学生也已年过半百了。

打张哲记事时起，家里的展柜上就放着几件精美的瓷器，上面画着山水，还有题字："梅香学姐纪念，仙华购于景德镇。"

张哲妈妈问起时，外婆只答是同学送的，直到张哲带着纪念册和老照片坐在外婆脚边，她才变回70年前的刘梅香。

潘仙华是外婆在湘湖师范的同班同学，椭圆脸，眼睛细长，很温和的样子。学生逃难到山上时，外婆帮他拿过治疟疾的药。后来两人刚好在一组值日，潘仙华神神秘秘地递来一张小纸条："你晓得他们为啥把我们派在一组？"

素来心直口快的刘梅香，却在恋爱问题上矜持起来。

一直到潘仙华提前毕业，刘梅香才开始"曲线救国"，她写了一封很长的信给潘仙华同行的同学，只有一句话是重点："我们大家现在年纪都不小了，以后的事不知会怎样。"她知道同学能会意，把这话讲给潘仙华听。

她等了很久，盼到了回信，同样很长，也同样只有一句话是重点："老同学，我们的年纪说小不小，说大也还不大。"

外婆的心凉了半截。后来听说，潘仙华喜欢上了别的姑娘，外婆也遇到了外公。

4

现在，这个比外婆小了整整60岁的外孙，成了全家最了解外婆的人。但他总觉得外婆的故事还缺一个结尾。

外婆摔跤康复后，打电话给她久未联系的好闺密楼庭芬，不承想楼庭芬嗯嗯啊啊，没说几句就挂掉了电话。后来张哲才知道，老人家的听力已经非常差了。而当年活泼开朗的文艺骨干陶爱凤患了阿尔茨海默病，已在医院里住了多年。

这让外婆很失落。从在湘湖师范的学生时代起，三姐妹的感情就一直很好，"文革"时都没有断了联系。直到上了年纪，不饶人的岁月把她们固定在了自己的生活半径里。

"她们没有败给炮火，没有败给政治运动，却败给了岁月。"张哲感慨道。他最终决定联络两家的子女，为老人们安排一次"世纪大重逢"。

苍老的手终于握在了一起，没有拥抱和泪水，仿佛情绪和感触都已经被几十年的岁月风干了。

在最终出版的《梅子青时：外婆的青春纪念册》中，张哲把"世纪大重逢"的照片做了手绘处理，画上的三位老人头发斑白，眯起眼笑得开心，外婆不缺牙，陶爱凤也嘴角上翘，露出一口整齐的牙齿。

看遍世态，回到人生的原点

我一直不明白，这样的人为何会闯入我的生命，带给我如此巨大的痛苦，直至母亲节。

2012年的母亲节，我人生中第一回含着泪，双手紧抱年已80的母亲，也是人生中第一回，轻声告诉她："妈妈，谢谢你，我好爱你。"

一段迟来整整37年的话语！

我和母亲一直缘分很淡。出生不过七个月，母亲就把我交给外婆，从此我一面是备受外婆溺爱的孩子，一面是内心孤独，没有父亲也没有母亲的幼儿。

小学五年级时，老师要学生们写作文，题目是"我的爸爸与妈妈"。父母在我的人生中一片空白，我既无法倾诉，也无能歌颂，于是写下一篇奇特的文字：

我的爸爸是可乐，我的妈妈是巧克力。巧克力含进嘴里，化在心里，它是世界上最浓郁的母爱，温暖每一个游子的心。可乐在你颓丧时，给你无限的勇气与助力，帮助人生坚强寻梦……我的爸爸与妈妈，是世界上最了不起的父母。差别是，别人的爸妈会给他们钱，而我的爸妈，花钱才能买到他们。

是的，我的童年好似没有匮乏，又好似始终有缺陷，直至 17 岁。

17 岁时，我的外婆离开人世。那一年我回到妈妈的家，无论天空星辉斑斓还是暴雨狂倾，夜里总躲在被窝里大哭。当年电影主题曲《你知道你要到哪里吗》正流行，台北满街放着这首歌，走在街上的我，总是一边听，一边哭。

我妈妈与外婆教育孩子的方式完全不同。妈妈相信斯巴达式管教，对我的我行我素，特别看不顺眼。

我 17 岁时，母亲已是一名成功的职业妇女，但一位单亲母亲，不论外表多么美丽，工作多么有成就，压力仍时时相伴。于是一个从小没挨过骂的孩子，天天挨骂；一个从小没做过家务的小孩，天天被要求洗碗、晒衣服。我的内心感受很简单，我只是这个家庭"2+1"的小孩，一名闯入者。从那时起，我的灵魂由幼稚变苍老，我开始理解世间情感不是天然而生，它需要一点一滴的累积，一点一滴的回忆。

而我与美丽的母亲之间，回忆是空白，情感是歉疚，付出是责任，一切都是不得已。

回家半年之后，我写了一封信给妈妈："外婆已死，我没有其他地方可去。妈妈，我能理解你的心情，突然接受一名 17 岁的孩子，的确是困难的事，何况你只喜欢乖顺的女儿。我可以理解你的难处，但能不能容许我在你家住到念大学，再过两年，我会悄悄离开，不再打扰贵府。"

妈妈看了我的信，哭着向我忏悔，直说对不起。她工作压力大，弟弟妹妹的功课不如我，因此才把许多压力施加给我。

母亲与我的争吵并未因此结束，30年来总是以不同的方式登场，以不同的方式结束。我理性上感谢她收容我并对我负起养育的责任，但心里那个"2+1"从未于脑海中离去。

即使到了30岁，去美国读书时放暑假回来，也是来匆匆，去匆匆。我从不打开行李，我判断母亲对我待在家中的容忍度不会超过三天，但我拿她的钱读书，有义务挨她的管教责骂。于是我总是数馒头般算着日子，一天，两天，三天，好了，她果然如期爆炸了，我便提起完好如初的行李，住进早就约好的朋友家。

母亲在我心中虽不够爱我，却是我的人生典范。早在三四十年前，她就已在台北金融圈赫赫有名。除了外表非常美丽之外，她的心灵也很美。她爱帮助人，许多人都曾对我竖起大拇指，称赞母亲的品格与善心助人。

在尔虞我诈的金融圈里，母亲的成就，不是来自奸诈钻营，相反地乃因诚实与不贪。台北的几名大户都放心地把大笔资金交给母亲保管，因为她从不对外宣告谁买进了多少股，也不会把客户买进后涨价的股票据为己有，虽然这在股市里很常见。由于诚实，也由于对金钱的品德，使母亲早在20世纪90年代就已成为月薪百万的成功女性。

我喜欢从远处欣赏母亲，欣赏她的娇媚美艳，欣赏她崇高的人格，欣赏她的正气廉洁，欣赏她的良善心软；但作为与我缘分极浅、性格强势的母亲，我对她始终敬而远之，也从未理解母亲对我的独特的爱。

犹记得十年前《联合报》制作"两代相对论"，采访我和妈妈，她一如往昔做了美美的头发，端庄华丽地走入我家。我平时也没那么邋遢，当天却刻意光脚、散发，不着妆。她直言受不了我的奇装异服，我讥笑她至今还以为自己在小学当班长。

访问的记者问："你们会想住在同一个屋檐下吗？"妈妈正想开口说"想"，我没给她机会，随即说："不行，我们住在一起不是她上吊，就是我上吊，而且我判断她上吊的机率比较高，为了保护她的生命安全，我不能和她同住。"

旁人听到的是我的狡黠调皮，母亲心中则是掉着泪，而且是无言的泪。她始终保存着一份对我童年的亏欠，我不是不明白，但为了抗拒一个强势的母亲，或者保护我曾深受伤害的青春岁月，我总是状似刁钻、状似撒娇、状似任性。

直至母亲节那一天，她看我外表洒脱，但其实被前男友伤透了心，于是告诉我三年前的往事。

我的前男友经常情绪失控，遇到不如意，即口出恶言伤尽所有亲近的人。这对我不是新闻，而是日常生活中的点滴。过去我认为这是自己的错误选择，本该自己承担。我残忍地对待自己，至今也没有太大怨言，因为我相信这并非他的本意。他只是一个价值偏差且控制不了情绪的男人。

直至今年母亲节，妈妈告诉我，约莫三年前，他为自己家的某件伤心事号啕大哭，母亲正好在场。我的母亲是一位骄傲且自尊心极强的女人，她的儿媳、女婿只有讨好她的份儿，没人敢顶撞她。那一天，她看我的前男友如此伤心，虽然自己脊椎断了刚刚复原不久，竟以伏地爬楼的方式，爬上二楼敲对方的房门，轻声劝他别伤心。结果我的前男友，开门辱骂她后关上门。妈妈仍不放弃，再次规劝他，安慰他，他又开门吼叫一次，然后再摔门。妈妈当时脊椎已经非常酸痛，只好手抓着门把，半跪在门前仍继续安慰他，最终他开了门，对我母亲大喊："滚蛋！"再关门的那一次，他不知我母亲已无力支撑，跌坐在地上。

母亲回忆往事，不为怨恨，她只是想告诉我，我和任何人在一起，她都祝福，只要是可以照顾我的人。当天，她三度被吼骂后，没有愤怒，只流下了眼泪。因为她曾幻想自己亲爱的女儿，小时没有妈妈照顾，老来会有人照顾。而那一段不断关门吼叫的过程，让她深悟，她的女儿不会有她妄想的依靠。如果对待长辈尚且如此，可以想象私下里女儿的处境。

于是当我离开前男友时，我母亲只要我给对方祝福，然后平平安安地过日子。一句结语："忘了他，离开他，你会更幸福。"

五个月后，外界告知我他已有了新女友，妈妈的反应正如我一生对她的尊敬："这样最好，我们家过去帮过他，从此对他更是一无亏欠。"

我听完妈妈的叙述，内心惭愧不已。我常常忘了真正深爱我的是我最亲近的家人。他们在我的朋友需要帮忙时伸出援手，而我却把这一切当成理所当然。我顾及外人的自尊，却任由母亲的尊严被他人践踏。

我问妈妈为何不早一点告诉我，母亲说她仍有幻想，但也很矛盾。她承认，这若是她的儿媳或女婿，她可能从此不让对方进家门。但这是我选的男友，她之所以特别疼爱他，不为别的原因，只因怕我老来孤单，没人照顾。她想把从小亏欠的女儿，托付给一位可以照顾她的人，这样她才能放心地离开人间。

母亲说完往事，我和她先是对望，接着泪流满面，内心既震惊，更愧疚。我那位看似骄傲、强势、以自我为中心的母亲，原来一直对我隐藏着这么深的母爱。为了我，她忍下人生不可忍之辱；为了我，她把自己摔在角落，只为成全一段不需要成全的情感。

于是今年母亲节，我今生第一次丢掉"2+1"的心结，惭愧而激动地拥抱了妈妈。我亲爱的妈妈年已80，虽然外表不复当年之美，内心却始终那么美。说完故事，她叮咛我："不要怨他，一切已过去。以后我们母女扶持，妈妈虽然患癌，但为了你，我会好好活下去。"

看遍世态，尝尽爱情，我人生的旅途终于回到了原点，回到我生命最早出发的地方。

这才是所有故事的终点。

每一个父亲，都是孩子的伞

那些温暖，直暖我心

1

　　第一次见你，是在一个中学的校门口。你的煎饼摊子并不起眼，却有些滑稽，烙饼车的格局像是寝室里的上下铺，上面是烙煎饼的锅，下面是一个破旧的低音炮。《二泉映月》这首曲子虽然老套，但却能替代吆喝声帮你招呼一些学生。舀面、烙饼、甩鸡蛋、接钱、找零、装袋……所有的动作都是一气呵成，如果我是一个普通的食客，我想也会偶尔在肚子饿的时候光顾你的生意，可你偏偏却是即将和妈妈在同一屋檐下生活的那个人，我实在无法把这个煎饼摊子和我那"文艺范儿"的老妈联系在一起。

　　在妈妈和爸爸离婚前，她也没那么"文艺"，确切地说，是没有时间去"文艺"。爸爸有着体面的职业——工程师，可生活中却像个长不大的孩子，对于他们的分开，从开始我就已经看淡，私下里心疼妈妈，他们没有必要为了我而守着一桩乏味的婚姻。

　　爸妈离婚后，我和妈妈生活在一起，因为爸爸给了足够的经济保障，生活起来并没有特别艰苦，除去上班和照顾我，妈妈终于有时间做自己喜欢的事了。我读大学的那几年，妈妈像是要把逝去的岁月全都活回来，她买了赵孟頫的字帖临摹，去摄影论坛上研究怎么能拍出有立体感的画面，养花、养鱼、做糕点、练瑜伽，妈妈把自己的生活安排得充实极了。

我笑妈妈是"老小资"，也逗她可以找个懂她的男士对酌。妈妈摇头：不找了，一个人真的挺好。尽管和爸爸没什么共同语言，可我始终觉得，如果妈妈是个对自己没有要求的人，可以一辈子做爸爸的"保姆"，允许自己活在爸爸的阴影里，他们也算般配。

所以，我根本无法接受卖煎饼的你，同时我也好奇，你究竟是个怎样的人，竟让我的老妈动了心？

2

再次见到你，是在妈妈的家里。妈妈不知道我偷偷去看过你，你当然也不知道。当我给你打开门，你脸上显出尴尬的神情，进屋后，你就像是一个初来拜访的客人。

看见我的男朋友也在，你开始和他唠家常。当妈妈端着果盘来到客厅，我拽着男朋友的衣角，向里屋走去。我以前和他说过，我的爸爸是工程师，而你这个卖煎饼的，确实和我没什么关系。

过了一会儿，我去厨房的冰箱里取饮料，经过客厅，看见你给了妈妈一个油花花的小布袋，妈妈摸了摸，又推回去："老孙，你这是做什么？"你搓着手，急切地说："这是我这个月的收入，先放你那儿帮我存着。"说着，你取下妈妈身上的围裙，"你歇着，陪两个孩子说说话，厨房里的事都交给我吧。"

四菜一汤上了桌，你笑容可掬地对我们说："四个人吃四个菜有点简单，好在菜量大些。"我承认那些菜的味道确实很好，吃了你做的菜，我暗自猜想你的煎饼应该也别有一番风味。我抬头看了一眼妈妈，她只顾低头吃饭，脸颊上却有着驱不散的欢喜。

看着妈妈开心的样子，我开始打破僵局，讲了几个工作上的趣事，还有我和男友从相识到相恋的经过，你自始至终都耐心地听着，那些是你从未涉足过的领域，当我的话匣子打开了，你的话也就多了起来。

吃完饭，你制止了我收拾碗筷的动作，执意自己来，你说，闺女嫁人后，陪妈妈的时间就少了，没结婚之前，多陪陪妈妈。

这时，男友站起来，说："那我和叔叔洗碗，小月陪阿姨。"你却抢过碗筷，"不用不用，谁也不用，一会儿我收拾完，小伙子陪我下盘棋，我现在一边洗碗一边构思棋局，可不许进来搅局哦！"

我和妈妈正在卧室说着话，你过来敲门，手里拿着一杯水和两片降压药，看着妈妈服下，你才退出房间。

说实话，在你身边，我觉得妈妈像变回了小女孩，那是我从不曾见过的样子。和爸爸生活在一起时，她总是一刻不停地忙碌着，而和你在一起，她只需安心地做好自己。

3

过了一段日子，我和男友到了谈婚论嫁的时候，妈妈一改平日的节俭，去商场就像买东西不要钱一样，给我置办了好多嫁妆。

而你，有一天在妈妈去菜市场的时候，塞给我一个牛皮纸袋，我打开一看，是五沓崭新的百元大钞。

"孙叔，你这是干吗？"我不解。

"这是给你的嫁妆。"你笑着说。

"不不不，你的钱我怎么能要？我妈会给我的。"我推辞。

"丫头，拿着吧，这些年，你妈妈一个人带你，她能有多少积蓄？这些钱，就和你妈说是你自己攒的，嫁出去的女儿，自己手里得有点儿钱，喜欢什么不用求别人，自己买给自己。"末了，你又补充了一句，"别告诉你妈妈，这是我们之间的小秘密。"

你说的这一席话，确实令我动容，但是我始终不信你能平白无故地给我这么些钱，且不说这得站上多少个清晨和黄昏，就是那些话，也不像是一个整天对着面粉和鸡蛋的卖煎饼的老头能说出来的，一定是妈妈教给你的。

等妈妈回来，我拿着那个牛皮纸袋放在她的床上，笑嘻嘻地说："老妈，你不用这么费心思收买自己的女儿，我已经接受孙叔了，该买的你都给我买了，而且我自己也有工资，这些钱你还是自己留着吧！"

每一个父亲，都是孩子的伞

251

妈妈露出吃惊的表情，打开牛皮纸袋，问："这是什么钱啊？"

我笑得歪倒在床上，说："妈，我都知道了，你不要再演戏了好不好？"

妈妈哭笑不得："演什么戏啊？我是你妈，要是想给你钱不能直接给你吗？"

这时，我才恍然醒悟，你说的都是真的。

后来，妈妈告诉我，这是你存给自己儿子买房子付首付的一部分，你还说，男孩子，如果手里钱少，可以自己去赚，可是闺女家，没有些积蓄，在婆家是没有底气的。

我看着妈妈，她的眼圈红红的，我的鼻子也开始发酸，我们对视了一会儿，都抹着眼泪笑了。

4

婚后不久，我有了身孕，为了照顾我的一日三餐，妈妈又把我接回了家。你去书店买了几本孕期营养类的书研究起来，我对你说："不用麻烦啊，交给我妈做就好了。"

你说："只要你不嫌我烦，我就不会觉得麻烦，这些我做了，你妈妈就可以歇着了。"

那段日子，我的妊娠反应特别厉害，请了假在家里。每天昏昏欲睡，看着你忙进忙出的背影和我们娘俩日渐圆润的身体，我突然明白了妈妈的决定，她从来都不孤单，但却一直缺少这份细致入微的体贴。

有一天夜里，我被强烈的烟味儿呛醒，循着气味找到了在客厅抽烟的你。你面向窗外，烟灰缸里已经堆满烟头。我走过去，拍了一下你的肩膀："这可不是你的风格，这样吸烟太伤身体了。"

你回过头，看见我，抹了一把眼泪，"抽烟呛到你了吧，小月，对不起。"

我心里一惊：你怎么哭了？

第二天，我和妈妈提起此事。妈妈叹了口气，说你的前妻一直嫌弃你，所以连儿子结婚都没告诉你，你把钱送给他们的时候，你儿子只说了一句"谢谢"就扬长而去。

见你坐在沙发上眉头紧锁，我坐在你身边，笑嘻嘻地说："孙老头，你得感谢你那没眼光的前妻，这样才能有机会和我妈在一起。"

妈妈嗔我："小月，别没大没小的。"

当然，那句话只是玩笑，其实我真正想说的是，你几乎满足了我对父亲的所有幻想。

5

是缘分更是天意，孩子的生日竟然和你同一天。你不知从哪儿变出个金锁放进了襁褓里，嘴里一直念念有词，这是给我乖孙的。妈妈也笑得合不拢嘴，明年这个时候，我们家就有一老一小两个寿星了！

你拍着我老公的肩膀："以后可要对小月好些，她为了生这个孩子，遭了不少罪。"那表情和语气俨然是一个不容拒绝的父亲。

我出院后，你比以前更忙碌了，每次来我家看宝宝，都是妈妈一个人。妈妈说，每天吃过晚饭，你又到一个离家较远的高中卖煎饼，等学生们下晚自习，生意很不错。

我让妈妈劝你，你儿子其实并不指望你的钱，就别这么拼了。妈说，怎么没劝过，可你说，你这辈子什么也不会，只会努力，努力虽然不能让每个人都满意，但至少可以让自己放宽心。

孩子周岁，我们一家三口一起去妈妈家。我们拿着订好的蛋糕和买给你的电动剃须刀刚进门，你就给孩子送来了一个大大的红包，还有一把你自制的小木枪。我和妈妈打趣道，真是个"有才"的姥爷。问你有什么生日愿望，你说，午饭前还想出去卖一会儿煎饼，运动运动回来能多吃一点儿。

妈妈给你系上围巾，说："那我们等你回来一起吃。"

菜都上齐了，你还没回来，我的老公就出去找你。没想到，等来的却是你的噩耗。

为躲避城管，你骑着烙饼车在马路上逆行，目击者说，这个老头是不是脑子不好使，车撞来时，他竟然用自己的身子去护煎饼摊？

妈妈咬着自己的嘴唇，眼泪一滴一滴地往下落，她说："就这样一直睡着也好，老孙他这辈子太累了，真像是以前的我。"

可是，你知道吗？我还有好多话没有和你说，没有你的照顾，我的妈妈不会有这几年的自在和快乐，我的孩子也不会如此健康快乐地成长。我还没吃过你的煎饼，甚至没有给过你一个合情合理的称呼。我知道，你肯定又要说，你根本不在乎什么称呼。

还好，我知道你在乎什么。

今后的人生里，我会照顾好你的老伴和乖孙，带他们看你没有看过的风景，走你没有走完的路，我想，这一定是你没来得及过的下半辈子最大的心愿。

世界上那个最爱你的人去了

1

老赵昨天夜里去世了。

轶楠知道这个消息的时候刚好录制完一期情人节特别节目，男友孙浩的车停在公司楼下。轶楠径直绕过了孙浩，听到汽车的喇叭声以后，轶楠才反应过来孙浩在等自己。

"赵轶楠，你走路不带眼睛不怕被车撞吗？"孙浩的声音一反常态，然而在看到女友满脸的泪痕和僵硬的表情时，孙浩咽下了差点脱口而出的斥责。

"明天不能和你一起过节了，我要回老家。"轶楠坐在副驾驶上哽咽着说出了老赵去世的事情。

老赵是轶楠的父亲，过完年才50岁，母亲说他死于肺癌晚期。轶楠在电话里冷哼着说，30多年的老烟鬼不得癌症都是奇迹，可是刚说完眼泪就滚落下来。

即使她恨了他十多年，可还是无法改变自己是老赵女儿的事实，而且是唯一的孩子。所以当母亲用哀求的口吻让她回去参加葬礼的时候，轶楠的心仿佛被针扎了一个孔，原来铁石心肠也是会疼的。

2

母亲在电话里说，老赵这些年活得挺累的。

不知道为什么知道他过得不好的时候，轶楠并没有报复的快感，内心反而泛起几分酸楚。

轶楠 14 岁的时候，老赵和母亲离婚了，和镇上一个开小卖部的女人搞在一起了，轶楠见过那个女人，很年轻，也可能是保养得好，也很骚气，听说是个外地人，丈夫死在了煤矿里，赔偿金被夫家瓜分了不少，女人带着一个七八岁的孩子逃到了镇上，然后用所剩不多的赔偿金开了个杂货店。

轶楠曾经去过一次那里，当时老赵正在帮那个女人搬大米和豆油，轶楠在店门口站了几分钟，直到老赵发现自己，轶楠恨恨地瞪了女人一眼，丢下"破鞋"两个字便跑了。

哪知道老赵会追出来揪住轶楠的胳膊，老赵问她刚刚说了什么，轶楠怒视着老赵重复了一遍"破鞋"两个字，"鞋"字的尾音还没说完，老赵的巴掌已经落到了轶楠脸上。轶楠至今都还记得那种火烧火燎的痛感，那是老赵第一次在外人面前打自己，虽然以前在家里也吃过老赵不少的鞭子，但从来没有哪次像那天一样让轶楠觉得委屈和耻辱。

轶楠看着愣神的老赵冷冷地笑了，什么也没说便离开了。

轶楠怎么也不相信自己的父亲会因为一个陌生的女人打自己耳光。那天以后，轶楠彻底恨上了老赵。

轶楠对老赵的恨不是一天两天的，只是在那之前她不愿意用恨这个字来形容自己对老赵的感情，顶多算是厌恶吧。

早在轶楠读小学的时候，轶楠就成为了班级的一个笑话，因为自己的名字。赵轶男这三个字曾经是轶楠最讨厌的名字，那时候母亲还没有给自己改名字。不要说同学，就连上课的老师也经常误以为轶楠是个男孩子，每次点名的时候，轶楠都胆战心惊的，似乎只要叫到自己的名字，班上同学总会发出奇怪的笑声。

而这些都是老赵的重男轻女思想导致的。

除了名字，在生活习惯方面，老赵也是把轶楠当成男孩子来养。轶楠的童年没有长辫子、花裙子、布娃娃这些小女孩梦寐以求的东西，直到上高中摆脱了老赵的监视以后，轶楠才开始在外形这一块上心。

不过即使把头发蓄长，在脸上涂脂抹粉，穿上各式好看的裙子，依然改变不了一颗女汉子的心，所以在和孙浩交往之前，为了不让对方缠着自己，轶楠在公司的茶水间当着孙浩的面轻松换好桶装水以后，轶楠拍拍孙浩的肩膀说，我不是你的菜。哪知道孙浩会因此对萝莉外表的轶楠越发喜欢。虽然在孙浩之前，轶楠已经把两个喜欢自己的男生吓跑了。

这些也是拜老赵所赐。

3

轶楠和老赵的关系在挨完老赵那一巴掌以后一直僵持着。

最近一次见到老赵是两年前。那会儿轶楠大四，为毕业和工作的事情忙得焦头烂额。

老赵不知道从哪里找来轶楠的电话号码。只记得老赵当时说自己在学校门口的一家小饭馆，想和轶楠一起吃个饭。轶楠本来想拒绝，但是想到老家离自己上大学的城市有一千多公里，老赵应该是坐了十几个小时火车才到上海的，虽然不知道他为什么会出现在自己学校，轶楠还是去见了老赵。

在小饭馆里看到老赵的时候，轶楠有些恍惚，七年不见，老赵明显衰老了很多，头发斑白不少，眼角和额头的皱纹也变深了，穿了一身与年龄不符的运动衫看起来有些滑稽，老赵见到轶楠的时候叫了一声楠楠，轶楠愣了一下，这是小时候自己得了表扬，老赵心情好的时候才会叫的昵称，轶楠笑着应了一声。

当时正值饭点，狭小的饭馆里挤满了来吃饭的学生，老赵看到轶楠皱了皱眉，犹豫着开了口，"这附近有没有 KMC？听说现在的年轻人都喜欢吃这个。"

轶楠还没回答就听到了旁边一对情侣的嗤笑声，老赵把肯德基说错了，轶楠脸红了，不过并不是因为尴尬，而是心酸。"就在这里吃吧，那个东西没什么营养。"

一顿饭吃下来，老赵和轶楠并没有说上什么话，这么多年过去了，横亘在老赵和轶楠之间的沟壑还是没那么容易就能跨越。

吃完饭轶楠准备去结账，老赵却说什么也不肯让轶楠掏钱，四菜一汤花了一百多块钱，结账的时候老赵一个劲儿说太贵了，问能不能少点，惹得服务员一阵尴尬，最后还是轶楠给老赵解释了一番才平息。

从饭馆出来以后，轶楠问老赵要不要去学校逛逛，老赵推辞说晚上要赶火车就不去了，后来才知道老赵是怕被轶楠的同学撞见给轶楠掉面子。

轶楠送老赵去坐地铁，临别的时候，老赵从口袋里拿出一沓钞票塞到轶楠手里，"这是一点小钱，你先用着，不够再告诉我。"

轶楠连忙把钱还给了老赵，两个人推来推去，最后轶楠勉为其难收下了一半，两千多块钱。

4

轶楠又想起刚刚母亲在电话里说，老赵并没有和那个女人结婚，两个人还闹翻了，老赵和她早就断绝了关系。

事情还要从轶楠读高三的时候说起。那个女人拿了老赵积攒的一万块钱整修小卖部，老赵知道以后特别生气，砸了小卖部的不少东西，女人和老赵打起来了，老赵被打得在床上躺了半个月。母亲说老赵之所以动怒是因为那笔钱是老赵给轶楠读大学准备的学费。

老赵也不是重男轻女，只是在轶楠出生以前有个哥哥在刚满一个月的时候就夭折了，老赵痛失爱子。第二年轶楠出生以后，老赵听神婆说轶楠是不祥之物，所以才对轶楠苛刻。不过到底是血肉之亲，老赵再怎么迷信也无法真的怨恨自己的女儿。

母亲说老赵去年托人从北京买了台收音机，大家都说老赵纯粹是摆谱儿，一台智能手机就可以收听广播，偏要用收音机显得专业。老赵也不解释，平时没事儿就坐在自家院子里听广播。后来有人说老赵天天听广播是因为老赵的女儿在广播电视台上班，老赵常听的一档节目叫"南音"。

《南音》，是轶楠主持的一档音乐节目。

5

母亲说老赵前年开始咯血，后来在亲戚的建议下去了大医院检查，回来以后说身体没有什么问题，哪知道老赵是在说谎。老赵的病历单被他锁在抽屉里，母亲看到以后说老赵真傻，明明可以早发现早治疗，却放弃了治疗机会。轶楠突然想起两年前老赵来上海的事，对上日期之后陷入深深的自责，那时候和老赵在小饭馆吃饭，竟然没有发现老赵咳嗽的时候用手帕捂着嘴，显得小心翼翼。

母亲还说老赵这几年跑运输攒了几万块钱，临走的时候千叮咛万嘱咐要把这笔钱给轶楠，那是他给轶楠的嫁妆钱。

老赵走的时候还揑着一张轶楠高中时候的照片，而老赵的房间里有一面墙贴了不少照片，那些全是轶楠的照片。

……

"我觉得自己特别混蛋，这么多年一直耿耿于怀那一巴掌，可是我忘了他是我爸。"轶楠说这些话的时候孙浩已经在网上订好了两张上海到天津的机票。

"我相信叔叔在另一个世界也会欣慰你长大了。"孙浩握紧了轶楠冰冷的手。

6

孙浩陪轶楠回到家的时候，天津下起了小雨，母亲跪在灵堂前泣不成声。

轶楠看着灵堂上老赵的黑白照片泪如雨下，照片上的老赵看着所有人微笑，仿佛还是十多年前。那时候轶楠刚上初中，有一回参加市里的演讲比赛得了一等奖，老赵在家里大摆宴席，逢人就说我女儿将来肯定是当金牌主持的料。那时候的老赵风华正茂，脸上的笑容还没有褶皱。

如今轶楠实现了老赵当初的豪言壮语，成了知名主播，却再也没有机会为老赵点一首歌，那首歌被轶楠单曲循环了一年多，好几次有听众为他们的父母点歌时，轶楠都忍住了为老赵点歌的冲动。

谁曾想到有些事一旦拖延就成了一辈子的遗憾，而筷子兄弟的那首《父亲》注定要沦为轶楠一生的遗憾了。

树欲静而风不止，子欲养而亲不待。

莫等闲，凉了故人心。

每一个父亲，都是孩子的伞